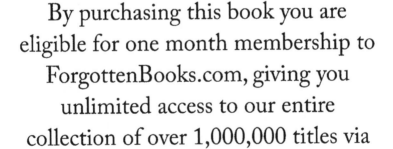

ISBN 978-0-267-01211-4
PIBN 10980527

MACHINES

ÉLECTRIQUES

A COURANTS CONTINUS

SYSTÈMES GRAMME ET CONGÉNÈRES

PARIS

TYPOGRAPHIE GEORGES CHAMEROT

19, RUE DES SAINTS-PÈRES, 19

o

MACHINES
ÉLECTRIQUES

A COURANTS CONTINUS

SYSTÈMES GRAMME ET CONGÉNÈRES

PAR

ALFRED NIAUDET

26 GRAVURES DANS LE TEXTE

DEUXIÈME ÉDITION

PARIS

LIBRAIRIE POLYTECHNIQUE

J. BAUDRY, LIBRAIRE-ÉDITEUR

15, RUE DES SAINTS-PÈRES, 15

LIÈGE, Rue Lambert-Lebègue, 19

1881

PRÉFACE

Nous donnons ici la seconde édition d'une brochure publiée en 1875, qui a été le premier ouvrage de quelque étendue, consacré aux machines électriques. On verra que nous avons beaucoup élargi le cadre de notre étude.

Nous ne décrivons cependant en détail que les machines de M. Gramme, ne voulant nous étendre que sur ce que nous connaissons par une longue expérience.

Mais une grande partie de nos observations s'applique à toutes les machines électriques à courants continus, inventées ou à inventer.

La grande importance du problème résolu pratiquement par M. Gramme n'est plus à démontrer.

Peu d'inventions ont eu une influence aussi grande sur le développement des applications de l'électricité. Cette influence s'exerce et s'exercera non seulement par les machines Gramme elles-mêmes, mais encore par toutes celles qui ont été ou seront faites à leur imitation.

.Elle s'est produite par un développement imprévu et toujours croissant donné à l'éclairage électrique, qui était une curiosité de laboratoire ou de fête publique, et qui est devenu le meilleur moyen et le plus économique de s'éclairer dans un grand nombre de cas.

Grâce au nouvel ordre d'idées créé par cette invention, on a vu se présenter sous un jour nouveau le problème des moteurs électriques qui avait occupé tant d'inventeurs. On avait cherché à convertir l'électricité en force, mais on l'avait cherché trop tôt; l'électricité n'était encore obtenue que par des moyens très coûteux, et une solution même parfaite n'eût eu qu'un médiocre intérêt. La question était mal posée. On comprit que le problème inverse de la conversion de la force en électricité était beaucoup plus intéressant. Sa solution donna l'électricité à bon marché. Dès lors, il devenait possible de l'utiliser à produire de la force; mais ce n'était plus une simple conversion d'électricité en force mécanique qu'on réalisait; on transportait la force d'un point à un autre par l'électricité. Par là on entrait dans un ordre d'applications nouvelles qui n'est encore qu'à ses débuts, mais dont il est difficile d'exagérer l'importance.

L'avenir nous réserve de voir la métallurgie modifiée profondément par les procédés électro-chimiques; les autres industries chimiques se transformeront également.

Tous ces progrès seront dus au renouvellement d'idées qui a suivi l'apparition de la machine Gramme.

Nous ne craignons pas de dire que cette importante nouveauté a contribué même à l'avancement de la science, non seulement par les facilités nouvelles qu'elle a apportées aux physiciens, mais encore par les problèmes de toute sorte qu'elle a posés à l'occasion de ses diverses applications.

Nous avons divisé le présent ouvrage en quatre parties :

La première contient la description des machines Gramme et de celles du même genre imaginées depuis.

La seconde est consacrée à l'étude des propriétés principales de ces machines et de leur mode d'emploi en général.

Dans la troisième, nous avons traité d'une manière élémentaire la question du travail maximum, qui peut être obtenu d'un moteur électrique et celle du rendement.

Enfin, dans la quatrième, nous faisons connaître les principales applications des machines électriques à courants continus.

MACHINES ÉLECTRIQUES

A COURANTS CONTINUS

PREMIÈRE PARTIE

DESCRIPTION DES MACHINES

DESCRIPTION DES MACHINES GRAMME
A AIMANTS

1. — *Description générale.* — La machine Gramme se compose d'un anneau de fer sur lequel sont enroulés des fils de

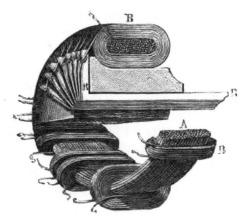

Fig. 1.

cuivre et qui tourne entre les pôles d'un aimant.

L'anneau, organe essentiel de la machine, est représenté *fig.* 1. C'est un électro-aimant d'une forme particulière. On peut le concevoir comme formé par un électro-aimant droit qu'on aurait courbé en cercle et qu'on aurait soudé par ses extrémités, fer avec fer et fil avec fil. On peut l'appeler *électro-aimant sans fin.*

Le noyau de fer est montré coupé; on voit qu'il est formé par un fil de fer enroulé dans un moule spécial.

Dans certains électro-aimants, notamment dans les grandes bobines d'induction, le fil est enroulé en sections distinctes, placées à côté les unes des autres et associées en chaîne, c'est-à-dire en tension. C'est aussi de cette façon qu'est distribué le fil sur l'anneau Gramme.

La figure montre ces différentes bobines de fil, qui sont les éléments de cette source d'électricité, comme les couples voltaïques sont les éléments d'une pile.

Pour rendre intelligible la construction de cet organe mécanique, nous le représentons complet dans une partie seulement; dans le reste, on n'a laissé qu'une section de fil de place en place, afin de faire voir comment ces éléments sont distincts et peuvent se relier.

La *fig.* 2 représente l'ensemble d'une machine; on voit que le pôle nord N de l'aimant développe un magnétisme boréal B dans la partie voisine de l'anneau de fer; au contraire, le pôle sud S développe dans la partie supérieure de l'anneau un magnétisme austral A. Il résulte de là qu'il y a entre les pôles de l'aimant et l'anneau de fer deux champs magnétiques d'orientation inverse; dans l'un des deux (celui du bas, *fig.* 2), les lignes de force magnétique vont de la périphérie vers le centre NB; dans l'autre (celui du haut), les lignes de force sont dans la direction opposée, elles vont du cercle plus petit au cercle plus grand AS.

Les fils de cuivre enroulés sur le noyau de fer traversent successivement ces deux champs magnétiques, et des courants d'induction y prennent naissance, directs dans le premier, inverses dans le second.

Si le mouvement des spires dans le champ magnétique change de sens, le sens du courant s'inverse; mais nous supposerons dans ce qui va suivre que le mouvement a toujours lieu dans un même sens, pour simplifier, autant qu'il est possible, l'étude assez délicate de l'appareil qui nous occupe.

D'ailleurs, ce que nous disons ici des spires du fil doit s'entendre de la portion de ces spires qui est entre l'anneau et les pôles de l'aimant. La partie qui est à l'intérieur de l'anneau ne traverse pas les champs magnétiques et n'est par conséquent le siège d'aucune induction [1].

Si on considère une spire déterminée de fil de cuivre,

Fig. 2.

on voit que pendant la moitié supérieure de sa révolution autour de l'axe, elle est parcourue par un courant direct et que pendant la moitié inférieure elle est parcourue par un courant inverse.

1. Dans la première édition de cet ouvrage, nous avions donné une autre explication de la génération des courants dans la machine Gramme. Nous avions suivi celle présentée par M. Gaugain (*Annales de chimie et de pharmacie*, 1873, 4e série, t. XXVIII), et qui a été exposée d'une manière très heureuse et simple, par M. Fernet, dans la 6e édition de son *Traité de physique élémentaire*.

Si maintenant on considère à la fois toutes les spires de l'anneau en mouvement, on voit que toutes celles qui sont dans le demi-cercle supérieur sont parcourues par un même courant qui est la somme de ceux développés dans toutes prises séparément. Cette somme est précisément égale à celle des courants engendrés dans les fils actuellement dans le demi-cercle inférieur ; elles sont égales entre elles à cause de la symétrie parfaite de la machine, autour du plan horizontal passant par l'axe de l'anneau et perpendiculaire à la ligne des pôles de l'aimant. Ce plan de symétrie sépare la région dans laquelle les courants ont le sens direct de celle des courants en sens inverse, et on peut pour cette raison l'appeler *plan de partage*. Au moment précis où une spire passe par ce plan, le courant qui la parcourt s'annule ; il est positif avant ce moment et négatif après.

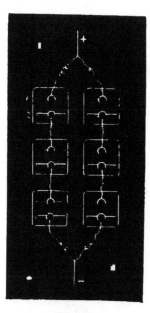

Fig. 3.

Si la machine se réduisait à ce que nous venons de dire, elle ne produirait aucun effet utile ; elle se présenterait comme exactement semblable à l'ensemble de deux piles *montées en opposition* (*fig.* 3).

Ces deux piles opposées par leurs pôles de même nom se font exactement équilibre et leurs courants sont arrêtés. Mais, pour utiliser ces courants opposés, il suffit de faire

---

Nous avons, cette fois, donné la préférence à l'explication donnée par M. Antoine Breguet (*Comptes rendus de l'Acad. des sciences*, nov. 1878), et qui rend mieux compte de toutes les particularités qu'on rencontre en étudiant complètement la machine. Seulement, tandis qu'il explique la machine considérée comme moteur électro-magnétique, nous avons préféré rester dans notre cadre ancien et renverser l'explication pour l'appliquer à la machine magnéto-électrique proprement dite, productrice d'électricité.

Rappelons enfin que d'Almeida a le premier donné une théorie de la génération des courants dans la machine Gramme ; on la trouve dans le *Journal de physique*, t. Ier, p. 64, 1872.

toucher les deux extrémités d'un fil conducteur aux deux points de jonction, c'est-à-dire l'une au pôle positif commun des deux piles, l'autre au pôle négatif commun ; dès lors les deux courants circulent ensemble dans le circuit et les deux piles se trouvent *associées en quantité.*

La disposition par laquelle les courants sont recueillis dans la machine Gramme, est exactement calquée sur ce que nous venons de dire ; les deux courants supérieur et inférieur, que nous avons montrés se joignant au plan de partage et se faisant équilibre, vont être associés en quantité.

Ces préliminaires posés, la description du collecteur sera facile à suivre.

Les spires du fil sont distribuées, comme nous l'avons dit, en sections égales entre elles ; ces sections sont reliées les unes aux autres, comme les spires le sont entre elles, c'est-à-dire que le bout finissant de l'une est soudé au bout commençant de la suivante ; de même que les éléments d'une pile sont reliés entre eux, pôle positif de l'un au négatif du suivant et ainsi de suite. A ces points de liaison sont soudées également des pièces de cuivre R R recouvertes d'un ruban de soie qui les isole les unes des autres quoiqu'elles soient fortement serrées ensemble dans la partie recourbée et parallèle à l'axc.

L'objet de ces pièces R R est seulement de présenter réunis sur un cylindre d'un petit diamètre les points de contact entre les sections ou éléments de l'anneau, et de constituer un commutateur dans le sens ordinaire du mot.

Deux ressorts frotteurs, auxquels on fait aboutir les extrémités du circuit, appuient sur ce cylindre en deux points diamétralement opposés et placés dans le plan de partage.

Par conséquent, à un moment donné quelconque du mouvement, les courants du demi-cercle supérieur et ceux de sens opposé du demi-cercle inférieur s'associent en quantité et passent ensemble dans le circuit qui leur est offert.

Telle est la machine Gramme; ce qui nous reste à décrire n'est qu'accessoire.

Ces ressorts frotteurs sont composés de nombreux fils fins réunis en brosse ou *balais;* ils appuient par leur face latérale sur le commutateur, de telle sorte que le mouvement est aussi facile dans un sens que dans l'autre.

Cette disposition du collecteur (commutateur et balais) n'a rien qui soit essentiel en principe; on en pourrait imaginer d'autres, mais elle présente de tels avantages, qu'elle a été adoptée par tous les inventeurs qui, en Europe ou en Amérique, ont suivi la voie indiquée par M. Gramme.

2. — Arrêtons-nous un moment au jeu du collecteur. Une spire ou une section quelconque de l'anneau est, comme nous l'avons vu, parcourue alternativement par des courants de sens contraire, direct en haut, inverse en bas;

Quand elle est au-dessus du plan de partage, elle présente au balai de droite son extrémité de tête et le pôle positif du courant;

Quand elle est au-dessous du plan de partage, elle présente au balai de droite son extrémité de queue, mais comme en même temps le courant qui s'y produit est inverse, c'est encore le pôle positif du courant qu'elle amène à ce frotteur ou balai de droite.

Ce double jeu d'inversement produit la continuité du courant dans le même sens, qui est le problème à résoudre.

Quand on a bien compris le collecteur de la machine Gramme, on s'aperçoit que si on réduit à deux le nombre des sections de l'anneau, on ramène le collecteur à être identique au commutateur redresseur imaginé par Pixii et qui se trouve dans toutes les machines de Clarke à deux bobines.

3. — Si les deux balais ne touchent pas le commutateur exactement dans le plan de partage, mais dans un plan légèrement incliné, que se passera-t-il?

Le courant fourni par la machine (à une vitesse déterminée) sera moins intense; parce qu'une partie de chacun des courants inférieur et supérieur est employée à détruire une égale partie de l'autre, sans effet utile. Si on pousse les choses à l'extrême et qu'on fasse frotter les balais dans un plan perpendiculaire au plan de partage, le courant fourni par la machine est réduit à une intensité nulle. Ainsi dans la machine Gramme le courant obtenu est maximum quand la ligne des contacts est perpendiculaire à la ligne des pôles, et nul quand les contacts sont pris dans la ligne des pôles.

C'est juste le contraire avec la machine de Clarke; le courant qu'elle fournit est maximum quand les contacts sont dans la ligne des pôles, et nul quand ils sont dans le plan perpendiculaire.

Cette observation montre assez que le principe de la machine Gramme est tout autre que celui de la machine de Pixii ou Clarke.

4. — Dans la pratique, le plan de partage ou d'effet maximum est plus difficile à déterminer. Il change avec le sens et même avec la vitesse de la rotation de l'anneau. Il est déplacé de sa position théorique telle que nous l'avons fait connaître, dans le sens de la rotation, et il est d'autant plus déplacé, que la vitesse de rotation est plus grande [1].

5. — *Description des machines Gramme de laboratoire.* — Les machines de laboratoire sont de deux types principaux : le modèle à manivelle et engrenage (*fig.* 4, 5 et 6) et le modèle sur table avec volant et pédale (*fig.* 8).

Les appareils représentés *fig.* 4, 5 et 6 sont du premier genre; on les met en mouvement à l'aide d'une manivelle, montée sur l'axe d'une grande roue dentée agissant sur un pignon porté par l'axe de l'anneau Gramme; le rapport des vitesses des deux axes est égal à 10 ou 15 suivant les modèles.

---

1. Cette question délicate a été étudiée par M. A. Breguet, on trouvera son mémoire dans les *Annales de Chimie et de Physique.*

On a adopté les engrenages héliçoïdes qui font fort peu
de bruit, s'ils sont bien exécutés. Ces appareils ne diffèrent
entre eux que par la forme de l'aimant employé.

Fig. 4.

Le premier (*fig.* 4) est construit avec un aimant à quatre
lames d'acier en forme de portique aboutissant à deux pièces
polaires de fer doux. Ces pièces polaires enveloppent l'anneau Gramme presque complètement et se retrouvent
dans toutes les dispositions de la machine.

Dans le second (*fig.* 5), est employé un aimant Jamin composé de 20 ou 25 lames d'acier longues d'un mètre et de deux pièces polaires de fer doux ou patins, sur lesquelles chaque lame d'acier vient appuyer directement par son ressort. Ces pièces polaires font, comme on sait, partie intégrante de l'aimant Jamin; elles jouent ici un rôle double,

Fig. 5.

car elles sont nécessaires aussi pour envelopper l'anneau de Gramme.

Le troisième type (*fig.* 6) présente un aimant à quatre lames d'acier de forme circulaire. Ces lames sont concentriques; elles entrent l'une dans l'autre et leurs extrémités s'appuient sur des patins de fer comme dans les autres modèles.

6. — En général les lames d'aimant sont forgées dans leur

propre plan, comme on le voit *fig*. 2 et 4; il vaut beaucoup
mieux les plier à la forge dans le sens de leur plus facile
flexion comme on fait pour les lames des aimants Jamin;
mais, tandis que les lames minces se plient à la main, les
lames épaisses doivent être forgées pour prendre ou la
forme portique (*fig*. 4) ou la forme circulaire (*fig*. 6).

Fig. 6.

Cette manière de procéder à la forge est meilleure, avons-
nous dit; elle l'est par la raison que le forgeage de la lame
dans son plan fatigue beaucoup l'acier dans la partie courbe
qui est la partie moyenne de l'aimant, tandis que le forgeage dans l'autre direction ménage beaucoup plus le métal.
La meilleure disposition qu'on puisse donner à un aimant est
celle que présentent les aiguilles aimantées des boussoles
marines; elles sont larges au milieu et étroites aux deux
pôles. Le travail de la forge a justement pour effet de dimi-

nuer la section de la lame au point où cette section devrait être la plus grande; on comprend donc l'intérêt qu'il y a à diminuer la déformation que produit la forge, par un bon choix de la forme finale.

7. — La forme circulaire des aimants a été proposée il y a fort longtemps par M. Ladd, et elle peut se justifier comme il suit :

Si les deux moitiés de l'aimant sont parallèles, une

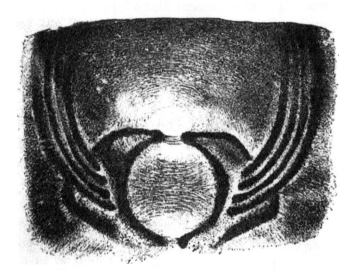

Fig. 7.

partie du magnétisme est perdue; il suffit pour le voir de faire le fantôme magnétique de l'aimant (*fig.* 4) ; on observe à la vérité une concentration de lignes magnétiques vers les extrémités, à raison surtout du rapprochement des pièces polaires de fer doux, et de l'anneau de fer qu'on peut interposer. Mais on voit aussi beaucoup de lignes traversant la région supérieure d'un côté à l'autre; tout ce magnétisme est sans effet utile sur l'anneau. On comprend qu'il sera d'autant moindre que la distance entre ces deux parties de l'aimant sera plus grande; cette distance est déjà augmentée dans la disposition de l'aimant Jamin (*fig.* 5) ; et elle est plus grande encore dans la forme circu-

laire. La *fig.* 7 représente le fantôme magnétique obtenu
avec l'aimant circulaire, pourvu de ses pièces polaires, et
l'anneau interposé. Elle montre comment s'exercent les
forces magnétiques dans cette disposition et fait voir combien elles sont complètement utilisées.

8. — La machine *fig.* 8 a été disposée en vue de supprimer tout bruit d'engrenages et d'agir avec le pied au lieu de
la main. Elle peut d'ailleurs, comme la machine à manivelle, recevoir le mouvement d'une force motrice (gaz, eau,
ou vapeur) au moyen d'une poulie montée sur l'axe du
volant.

Nous allons décrire le système de transmission de mouvement par cordes qui est absolument nouveau.

9. — Habituellement, quand on emploie des cordes ou
des courroies, on se contente de la roue motrice et de la
roue commandée; mais si cette dernière doit produire un
travail considérable, il se produit un glissement. Cela arrive
surtout quand le rapport des diamètres est grand, c'est-à-dire
si on multiplie beaucoup la vitesse et si la distance des axes
est petite. On voit en effet que la roue commandée n'est
embrassée par la corde que sur une fraction de sa circonférence, toujours moindre que la moitié.

Pour diminuer la chance de glissement, Wheatstone
avait imaginé une disposition. qu'on rencontre dans plusieurs machines électriques de construction anglaise.

Une corde unique passe quatre fois par exemple d'un
axe à l'autre; les deux poulies présentent chacune quatre
gorges; et quand cette corde partant du plan antérieur arrive au plan postérieur, elle est ramenée en avant par une
poulie de renvoi à une seule gorge.

Cette roue de renvoi est placée latéralement par rapport
aux deux autres, plus haut que l'inférieure, plus bas que
la supérieure.

Cette disposition a pour effet de diminuer beaucoup la
résistance à la flexion de la corde; on peut employer en effet

une corde moitié plus petite avec quatre gorges et obtenir de ce chef un gain sur les résistances passives, gain qui sera d'autant plus grand que l'effet transmis sera plus grand, et qui pourra s'élever à 75 pour 100 de la valeur de la résistance à la flexion de la corde unique et grosse.

L'ingénieuse combinaison que nous venons de rappeler laisse subsister le principal inconvénient du système ordinaire; plus on tend la corde, plus le frottement est grand sur les tourillons.

10. — Dans la nouvelle disposition imaginée par M. Raffard (*fig.* 8 et 9), on voit le volant V placé sous la table et la petite poulie A montée sur l'axe de l'anneau Gramme; ce sont les deux roues principales dont la première commande la seconde.

Elle comporte aussi une troisième roue D auxiliaire, placée en haut et dans le même plan que les deux autres; c'est une roue de renvoi dont on va voir l'utilité. Chacune de ces trois roues a deux gorges; la corde unique part de l'anneau A (1), descend au volant V (2), monte ensuite à la roue de renvoi D (3), redescend à l'anneau A (4), remonte encore à la roue de renvoi (5), redescend au volant (6), et remonte enfin à son point de départ (7), à l'anneau.

Dans ces conditions, l'axe intermédiaire, c'est-à-dire celui qui tourne le plus vite, se trouve sollicité par deux brins vers le bas et deux vers le haut, de sorte que cet axe se trouve comme en équilibre entre deux efforts contraires, et le frottement sur ses tourillons est presque nul. Il serait plus exact de dire que la poulie est entraînée par deux brins, l'un vers le haut, l'autre vers le bas, à peu près parallèles qui agissent comme un couple pour faire tourner l'axe sans que les coussinets interviennent.

On peut observer que la roue directrice D a un moindre diamètre que le volant V et que l'angle des brins allant de l'anneau vers le haut est moindre que celui des brins allant vers le bas, de sorte que des deux efforts contraires qui entraînent l'axe, celui qui prédomine est dirigé vers le

haut en sens contraire de la pesanteur, ce qui est une
condition favorable.

Fig. 8.

On voit aussi que la tension plus ou moins grande des
cordes ne change pas le frottement des tourillons de l'anneau, qui est le plus important à cause de la vitesse relativement grande de sa rotation.

La roue de renvoi est à la vérité sollicitée vers le **bas** par la corde; mais la pression qui en résulte sur ses tourillons est la même qui s'exercerait sans elle sur les tourillons de l'anneau, et comme l'axe de la poulie de renvoi tourne beau-

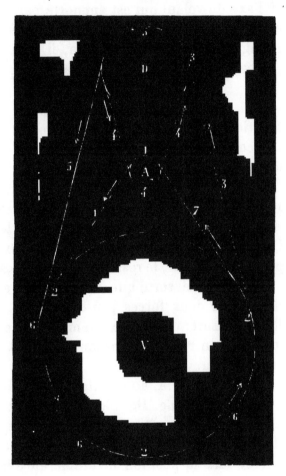

Fig. 9.

coup moins vite que l'axe de l'anneau, il en résulte que le frottement est beaucoup réduit.

L'arc de frottement utile de la corde sur la poulie A de l'anneau est sensiblement égal à une circonférence entière ou à deux demi-circonférences.

Le mouvement est parfaitement silencieux.

Les avantages de ce système sont surtout marqués quand

on veut marcher très vite, c'est-à-dire quand la vitesse du dernier mobile est très considérable.

11. — Si la corde vient à s'allonger, on peut abaisser légèrement l'axe du volant qui est supporté par un châssis mobile autour d'un boulon qu'on aperçoit à droite, *fig.* 8. Pour un allongement donné de la corde, il suffit, pour la retendre, d'abaisser le châssis d'une hauteur quatre fois moindre.

12. — L'action du pied sur la pédale et le volant est nécessairement discontinue et périodique ; à chaque tour il y a une augmentation et une diminution de vitesse. Pour diminuer ces changements, on a employé une disposition proposée depuis longtemps par M. Raffard pour les tours au pied. A la pédale est attaché un ressort-boudin, comme le montre la *fig.* 8. Quand la pédale s'abaisse, le ressort se tend, et quand le pied cesse d'agir, le ressort bandé agit à son tour et en sens contraire ; de sorte que le volant est successivement sollicité par deux forces peu différentes, celle du pied et celle du ressort ; ou plus exactement, celle du pied diminuée de celle du ressort en premier lieu, et celle du ressort en second lieu.

Cette disposition tend à augmenter la régularité du mouvement de la machine. De plus, le ressort ramène toujours la pédale à une position telle, que le départ soit facile dès la première action du pied. Ordinairement on obtient cet arrêt dans la position favorable au départ, au moyen de poids excentriques placés sur le volant. Cette solution, bien que généralement employée, est mauvaise, car ces poids dissymétriques produisent des frottements anormaux et, par les effets de la force centrifuge, un ébranlement de la table ou support, d'autant plus marqué que la vitesse est plus grande. L'emploi du ressort supprime ces inconvénients et le bruit qui en résulte quelquefois.

DESCRIPTION DES MACHINES GRAMME
A ÉLECTRO-AIMANTS

13. — Jusqu'ici nous avons montré l'anneau de Gramme tournant entre les pôles d'aimants permanents. Mais on comprend que des électro-aimants peuvent donner des effets beaucoup plus brillants, à cause de leur puissance magnétique plus grande.

Si les électro-aimants devaient être excités par un courant de pile, cette solution n'aurait qu'un intérêt fort limité ; mais on est arrivé à éviter les piles. M. Wilde (de Manchester) a le premier excité les électro-aimants d'une grande machine électrique au moyen du courant fourni par une petite machine à aimants permanents. Il a prouvé qu'il était possible, avec un magnétisme donné, de développer des électro-aimants d'une puissance aussi grande qu'on le veut.

Un peu plus tard, M. Varley (décembre 1866), M. Werner Siemens à Berlin, Sir Charles Wheatstone à Londres et M. Gramme [1] à Paris, eurent l'idée de supprimer la machine excitatrice de Wilde, et d'exciter les électro-aimants de la machine unique au moyen du courant même qu'elle produit. Il semble qu'il y ait là un cercle vicieux et une idée irréalisable ; nous montrerons tout à l'heure comment cet artifice est logique et comment on échappe au cercle vicieux.

Dès l'ouverture de l'Exposition de 1867, on put voir des appareils présentant l'application de cette idée ingénieuse.

C'est encore à l'Exposition de 1867 qu'on vit pour la première fois la machine de M. Ladd, dans laquelle l'excitation des électro-aimants est produite par un organe

1. La date de l'invention, par M. Gramme, de cette combinaison est constatée par un brevet du 26 février 1867.

spécial (électro-aimant tournant), tandis que le courant fourni au dehors par la machine est produit par un second organe identique au premier, mais entièrement distinct.

Cette solution nouvelle avait aussi un grand intérêt ; elle a été appliquée dans certaines formes de la machine Gramme, comme nous le dirons plus loin.

14. — Les machines dans lesquelles un courant électrique est produit par un mouvement des conducteurs dans le champ magnétique d'un aimant, ont reçu de Faraday le nom de *magnéto-électriques*.

C'est M. Werner Siemens qui a le premier, en janvier 1867, dans sa communication à l'Académie des Sciences de Berlin, donné le nom de machines *dynamo-électriques* à celles construites sans aimants permanents.

Ces deux dénominations, opposées l'une à l'autre, ne sont pas parfaites, car les deux catégories peuvent être appelées magnéto-électriques, puisque le magnétisme intervient dans la production de l'électricité ; et elles peuvent toutes deux être appelées dynamo-électriques, puisqu'elles transforment la force mécanique en électricité.

Le nom qu'on aurait dû donner aux dernières est celui d'*auto-excitatrices ;* mais il n'est plus temps de le faire, puisqu'on l'a donné à d'autres il y a deux ou trois ans.

Les Anglais, si économes du temps et si attentifs à dire et à écrire chaque chose avec le moindre nombre de mots et de lettres possible, ont l'habitude de désigner ces appareils sous les noms de magnéto-machines et de dynamo-machines. Nous emploierons souvent ces dénominations abrégées.

15. — *Disposition de la machine normale.* — Le principe de la machine Gramme étant trouvé, il était facile de le combiner avec les moyens connus ; mais M. Gramme a résolu ces problèmes accessoires d'une manière extrêmement heureuse, comme on va voir.

La machine *fig.* 10, qu'on appelle type normal, a été

créée en vue de l'emploi industriel; elle présente des dispositions très intéressantes.

On voit que le bâti de fer et fonte est lui-même l'électro-aimant sur lequel le fil conducteur du courant agit pour l'aimanter. Cet électro-aimant présente quatre bobines de

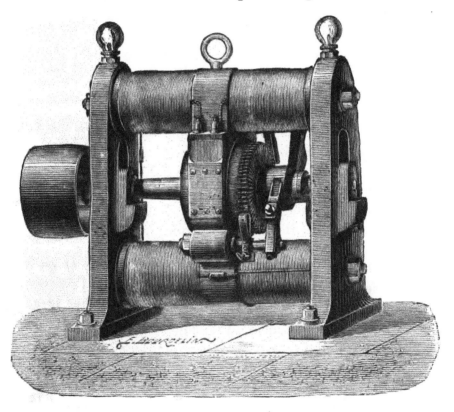

Fig. 10.

fil produisant deux pôles conséquents, un en haut et un en bas. Chacun de ces pôles s'épanouit en une coquille de fonte de fer qui enveloppe l'anneau sur un arc un peu moindre qu'une demi-circonférence. Les montants ou flasques de fonte, qui rejoignent les électro-aimants du haut à ceux du bas, ferment le circuit magnétique.

On peut comprendre la machine d'une autre façon, comme composée de deux parties symétriques; chaque flasque, avec une bobine du haut et une du bas, constitue un électro-aimant à deux bobines et à semelle cómme ceux qui se font généralement; ces deux électro-aimants (à deux bobines) sont montés l'un contre l'autre, joignant leurs pôles nord, en haut par exemple, et leurs pôles sud, en bas.

L'axe unique de la machine porte l'anneau, avec son commutateur. Les balais sont portés par le bâti et frottent sur le commutateur. Enfin cet axe lui-même pivote dans des paliers ménagés dans les flasques de fonte, qui se trouvent ainsi utilisés deux fois, comme supports mécaniques et comme organes magnétiques.

16. — *Principe de l'auto-excitation.* — Avec ces machines, il n'y a qu'un circuit électrique unique, comprenant : l'anneau producteur du courant, les bobines de l'électroaimant excitateur de l'anneau, et le circuit extérieur, qui comprend lui-même, des fils conducteurs et un appareil récepteur du courant (lampe électrique, bain électro-chimique, ou autre).

Si le bâti était formé de fer parfaitement doux et qu'il ne présentât aucune trace de magnétisme, si l'électro-aimant constitué par ce bâti était un électro-aimant idéal sans magnétisme rémanent aucun, le mouvement de l'anneau Gramme entre les pièces polaires de cet électro-aimant ne donnerait lieu à aucune production de courant. Voilà le cercle vicieux apparent dont nous avons parlé tout à l'heure. Mais les choses ne sont jamais dans ces conditions; une pièce de fer, même parfaitement doux, prend toujours sous l'action de la terre un certain magnétisme ; des pièces d'acier ou de fonte conservent toujours une certaine aimantation.

Le bâti de la machine qui nous occupe a donc une faible aimantation; supposons que la pièce du bas soit aimantée sud et celle du haut nord. Au moment où le mouvement de l'anneau commence, il se trouve donc dans les conditions que nous avons examinées en traitant des machines à aimant, et par conséquent un courant, très faible il est vrai, y prend naissance. Ce courant circule dans les fils des

électro-aimants et leur donne une force magnétique nouvelle. Sous l'influence de cette excitation magnétique plus
grande, un courant plus fort se développe dans l'anneau,
qui produit une nouvelle augmentation du magnétisme
du bâti, et ainsi de suite.

Il y a dans ce phénomène une réaction de l'effet sur la
cause, qui se présente dans d'autres circonstances, mais qui
s'accuse ici avec une netteté remarquable. Le courant augmente d'intensité par suite de l'augmentation croissante du
magnétisme de l'électro-aimant excitateur; et par contre le
magnétisme de l'électro-aimant s'augmente par suite de
l'augmentation d'intensité du courant.

L'expérience montre qu'au bout d'un temps fort court
l'intensité du courant atteint son maximum ou, pour parler
plus exactement, sa valeur normale, sa valeur de régime.

Il va sans dire, d'ailleurs, que cette augmentation simul-
tanée de la cause magnétique et de l'effet électrique a un
terme et qu'elle ne continue pas indéfiniment. Avec un peu
d'attention nous allons voir comment se limite cette crois-
sance et comment se détermine cette intensité de régime.

Tout d'abord il est clair que si un travail donné, de
100 kilogrammètres par seconde, par exemple, est employé à faire tourner la machine, la production du courant est limitée par l'équivalence des forces naturelles; ce
courant ne peut être qu'inférieur à celui qui dans une machine parfaite produirait un travail de 100 kilogrammètres
pendant chaque seconde. D'ailleurs, pour une vitesse donnée de la machine, l'intensité trouve son maximum et sa
valeur de régime, qui dépend de la résistance du circuit;
on comprend, en effet, que si cette résistance croît indéfiniment, l'intensité tend vers zéro. Et pour une résistance
donnée du circuit, l'intensité trouve sa limite qui dépend de
la vitesse de rotation : on comprend, en effet, que si cette
vitesse décroît indéfiniment, l'intensité tend vers zéro.

17. — *Système d'excitation en dérivation*. — Au lieu de
mettre dans un circuit unique, l'anneau producteur d'élec-

tricité, les électro-aimants excitateurs et l'appareil récepteur, on peut diviser le circuit et le dériver, partie dans les électro-aimants, partie dans le récepteur.

Cette disposition a été proposée par Wheatstone en février 1867. Elle a été reprise récemment par M. William Siemens [1], qui en a montré les mérites.

Nous appellerons les appareils de ce genre : *machines à excitation en dérivation* ou *machines dynamo-électriques à circuit dérivé*, par opposition aux *machines à circuit simple*.

Les machines à excitation en dérivation présentent certains avantages que nous pouvons faire ressortir dès à présent.

La machine est toujours excitée, quel que soit le circuit extérieur, et alors même qu'il n'existerait pas ; à l'inverse des machines à circuit simple qui ne s'excitent que si le circuit extérieur à la machine est complet.

Supposons d'abord qu'il n'y ait pas de circuit extérieur à la machine, ce qui algébriquement équivaut à un circuit extérieur de résistance infinie : la machine est excitée et travaille.

Supposons ensuite qu'on fasse intervenir un circuit extérieur de résistance très grande ; il est aussitôt parcouru par un courant beaucoup plus fort que celui qui le parcourrait dans le cas d'une machine simple. L'addition de ce circuit extérieur diminue un peu l'intensité du courant dérivé excitateur, mais fort peu.

Réduisons graduellement la résistance du circuit extérieur ; l'intensité du magnétisme excité par dérivation continue à décroître, mais lentement.

Si on pousse les choses à l'extrême, ce qui n'a qu'un intérêt de curiosité théorique ; si on réduit la résistance du circuit extérieur à être très petite et finalement nulle, on voit que l'intensité du courant dérivé excitateur devient nulle, que par conséquent le magnétisme n'est plus excité et que la machine cesse de produire aucun courant.

---

1. *Proceedings of the Royal Society*, vol. XXX, p. 208. Mars 1880.

En résumé, on peut dire que le courant produit par une machine excitée en dérivation est beaucoup moins variable avec les changements de résistance du circuit extérieur, qu'il ne serait s'il était produit par une machine à circuit simple.

Dans la pratique, ces machines donneraient donc une lumière plus régulière, si on les employait à l'éclairage.

M. William Siemens [1] a fait sur ce sujet d'intéressantes expériences, desquelles il conclut que : la résistance de l'anneau doit être diminuée par l'emploi de fil plus gros ; la résistance du circuit excitateur doit être plus que décuplée par comparaison avec les machines à circuit simple, non pas par l'emploi de fil fin, mais par l'augmentation des dimensions des électro-aimants.

Malgré les avantages que ces machines présentent, il est douteux que l'usage s'en répande, parce qu'elles sont plus coûteuses, à cause de l'augmentation de dimension des électro-aimants.

18. — Avant de quitter ce sujet, on peut rechercher quelle résistance il faut donner au circuit excitateur pour obtenir le maximum d'effet.

On voit seulement la vérité dans deux cas extrêmes ; si la résistance du circuit dérivé excitateur est nulle, son action magnétisante sera nulle ; si cette résistance est infinie, l'intensité du courant qui le parcourt ne pourra être que nulle, l'action magnétisante sera nulle. Ainsi dans ces deux cas la machine ne produira rien.

Entre ces deux extrêmes, il y a évidemment une résistance pour laquelle l'aimantation sera maxima ; mais cette résistance ne peut probablement pas être déterminée algébriquement. Elle dépend d'ailleurs de la résistance du circuit extérieur.

19. — *Machines à excitation indépendante.* — Avant de réaliser le type de machine que nous avons appelé normal,

1. *Loc. cit.*

M. Gramme en avait construit d'autres, qui présentaient
deux ou trois anneaux distincts. L'un d'eux servait uniquement à exciter les électro-aimants de la machine, et les
autres fournissaient un courant dans le circuit extérieur,
exactement dans les mêmes conditions que s'il tournait
entre les pôles d'un aimant permanent.

Avec ces machines, il ne se produit pas de variation
dans la force électro-motrice aussi longtemps que la vitesse
ne change pas ; les changements dans la résistance du circuit extérieur ne font varier que l'intensité et n'ont pas les
effets compliqués qui se produisent dans les machines à
circuit simple ou à circuit dérivé.

Ces machines sont, quant à présent, abandonnées ; elles
ont un rendement moindre que les machines à circuit unique ; mais elles présentent de sérieux avantages dans certains cas particuliers.

20. — *Machine à anneau dédoublé.* — L'idée d'accoupler en tension deux ou plusieurs machines se présentait
naturellement ; mais l'inventeur a encore pensé à dédoubler
chaque machine ou plutôt chaque anneau. Ce dédouble-
ment est possible de plusieurs manières ; nous n'en indiquerons qu'une.

Nous avons dit que les 120 bobines ou éléments com-
posant un anneau étaient rattachées à des pièces de cuivre
rouge isolées les unes des autres et groupées en un commutateur cylindrique, sur lequel le courant est recueilli
par des frotteurs ou balais. M. Gramme a mis du côté droit
l'entrée des 60 bobines de rang pair et du côté gauche l'entrée des 60 bobines de rang impair, alternant par conséquent avec les premières.

On se trouve alors avoir deux anneaux Gramme en un,
enchevêtrés l'un dans l'autre, et ayant une âme de fer com-
mune ; la somme totale d'électricité que produit la machine est divisée en deux parties ; on la recueille avec deux
systèmes de frotteurs, l'un à droite, l'autre à gauche de
l'anneau.

Cette disposition est applicable, on le comprend, aussi bien aux machines à aimant qu'aux machines à électro-aimant. Ses avantages sont importants ; elle permet d'accoupler les deux moitiés de l'anneau, soit en tension, soit en quantité, et d'obtenir des effets variés avec une seule machine ; elle permet, en outre, d'exciter les électro-aimants de la machine avec un demi-anneau et d'employer l'autre seul dans le circuit extérieur, comme nous l'avons expliqué au chapitre précédent.

Nous croyons qu'un grand laboratoire, bien pourvu de force motrice, doit préférer une machine ainsi disposée à toute autre. Plusieurs physiciens éminents l'ont déjà pensé comme nous.

21. — *Excitation d'une machine par une autre.* — On peut, quand on dispose de deux machines dynamo-électriques, exciter avec l'une les électro-aimants de l'autre. La seconde se comporte alors comme une machine magnéto-électrique, aussi longtemps que l'excitatrice ne change pas de vitesse.

On peut, même avec une machine unique, exciter les électro-aimants de plusieurs autres.

Les machines ainsi excitées ont l'avantage, sur les machines qui s'excitent elles-mêmes, d'avoir en moins, dans leur circuit, tout le fil enroulé sur les électro-aimants.

On commence à employer ce système industriellement ; nous sommes persuadés qu'il présentera de grands avantages. Peut-être même fera-t-il réaliser dans certains cas une économie de force motrice, si on excite plusieurs machines avec une seule dans des conditions favorables.

22. — *Autres modèles.* — Il y a encore d'autres dispositions données par M. Gramme à ses machines et qui méritent l'attention.

L'une d'elles est une machine à lumière qui est capable de produire, suivant les dimensions, cinq, dix ou vingt foyers (arcs voltaïques dans un même circuit).

Une autre est destinée au transport de la force ; elle s'appelle machine à quatre pôles, parce que quatre électro-aimants agissent sur l'anneau, qui se trouve ainsi divisé en quatre régions. Cette dernière est décrite dans la quatrième partie de cet ouvrage.

DESCRIPTION DE DIVERSES MACHINES

A COURANTS CONTINUS

L'importance du problème résolu par M. Gramme a engagé beaucoup d'inventeurs à entrer bientôt après lui dans la voie qu'il avait ouverte.

Nous consacrerons un court chapitre à l'examen sommaire de ces inventions.

23. — *Machine Hefner von Alteneck.* — La plus importante de toutes, non pas seulement par le succès qu'elle a obtenu, mais surtout par le grand mérite de la combinaison, est celle de M. Hefner von Alteneck, qui est construite par MM. Siemens à Berlin et à Londres.

La *fig.* 11 représente cette machine sous une des formes qu'on lui a données.

L'électro-aimant mobile, ou anneau, qui est l'organe principal et essentiel dans toutes ces machines, se compose d'un cylindre de fer sur lequel est enroulé du fil, comme le montre la figure. Cet organe diffère de l'anneau Gramme en ce qu'aucune partie du fil n'est à l'intérieur du cylindre. Le fil est divisé en sections qui sont rattachées à un commutateur semblable à celui de Gramme.

L'anneau tourne entre deux pôles d'aimant ou d'électro-aimant ; les électro-aimants sont combinés de manière à produire deux pôles conséquents ou doubles, comme nous l'avons expliqué dans notre description de la machine Gramme.

Le fil de l'anneau traverse donc un champ magnétique entre le pôle nord de l'électro-aimant inducteur et le cylindre central; puis il passe dans un champ magnétique inverse entre le pôle sud de l'inducteur et le cylindre.

Le mérite de cette invention réside dans ce point, que

Fig. 11.

nous avons déjà souligné, qu'aucune partie du fil de l'anneau n'est soustraite à l'action inductrice de l'électro-aimant fixe par l'interposition d'un écran.de fer. En d'autres termes, tout le fil enroulé sur l'anneau est utile. Il faut cependant reconnaître que les portions du fil qui traversent diamétralement l'anneau aux deux extrémités ne sont pas soumises à l'action inductrice et n'agissent que par leur résistance sans produire d'effet utile. Pour diminuer l'inconvénient inévitable de cette partie nuisible du fil de l'anneau, M. Hefner von Alteneck donne à son cylindre une longueur assez grande par rapport à son diamètre; on com-

prend qu'il peut ainsi réduire à volonté le rapport de la
partie nuisible à la partie utile et que les conditions maté-
rielles de construction l'arrêtent seules.

Dans la première conception de M. Hefner von Alteneck,
le cylindre de fer était fixe et le fil seul mobile dans le champ
magnétique. Au point de vue théorique, la machine était
ainsi plus parfaite encore, parce que le changement de
magnétisme qui se fait dans la machine décrite, comme
dans celle de Gramme, produit un échauffement qui représente une dépense de force en pure perte. Mais l'extrême
difficulté de construction de cette machine a fait renoncer
l'auteur à cet avantage intéressant au point de vue théorique, mais qui n'a pas une grande importance au point
de vue pratique.

On comprend que le plan de partage est, pour cette machine, le même que pour la machine de Gramme, c'est-à-
dire perpendiculaire à la ligne des pôles.

On voit enfin que dans ces deux machines le champ magnétique est complètement rempli par le fil de l'anneau
qui doit recevoir son influence. Nous croyons que là est la
raison véritable de la supériorité qu'elles ont sur toutes les
autres connues, et particulièrement sur la machine de
Brush que nous allons décrire.

24. — *Machine Brush*. — L'anneau de M. Brush est de
fonte de fer ; il présente une série de dents ; dans les intervalles est enroulé le fil, qui ne dépasse pas le diamètre extérieur de ces dents ; le fer de l'anneau passe donc extrêmement
près de l'électro-aimant inducteur. Cette disposition se rencontre dans la machine de M. Pacinotti, qui est bien anté-
rieure. Nous croyons qu'elle est moins bonne que celle de
Gramme et qu'il y a avantage à supprimer les saillies ou
dents de l'anneau et à mettre du fil à leur place. En d'autres
termes, nous croyons qu'il y a avantage à ne pas diminuer
l'espace dans lequel on peut mettre du fil subissant l'action
inductrice, plutôt qu'à augmenter l'intensité du champ magnétique au moyen de saillies ou dents dont nous avons parlé.

M. Brush emploie le commutateur et le mode de collection des courants de Gramme. Il a cependant imaginé un commutateur qui lui est propre et qui n'a pas encore été clairement décrit. D'après M. Higgs [1], les sections de l'anneau seraient associées deux à deux en tension, chacune à celle qui lui est diamétralement opposée. Les deux bouts du fil de chacun de ces couples sont attachés à deux segments opposés et isolés d'un commutateur ; ces segments occupent la circonférence presque entière ; ils laissent un espace entre eux, qui a pour but d'isoler les deux sections considérées pendant cette partie de la révolution à laquelle ne correspond qu'une faible production de courant.

Les divers couples de sections sont associés en quantité par le frottement simultané des balais collecteurs sur les divers segments qui leur correspondent.

On voit donc que la tension de la machine est celle d'un couple de sections, tandis que la quantité est proportionnelle au nombre des sections [2].

Quand on a bien compris cette disposition, on voit que l'isolement de chaque couple de bobines pendant une partie de la rotation n'a pas du tout pour objet de diminuer la résistance intérieure de l'anneau ; tout au contraire, il l'augmente. Sa raison d'être est différente ; on ne peut associer en quantité que des éléments électriques de même tension ou à peu près ; si l'un d'eux avait une force électromotrice nulle ou très petite, le courant produit par les autres serait pour une partie détruit et pour une autre inutilisé à échauffer les conducteurs de l'élément à faible ou nulle tension ; de sorte que la production utile de la machine serait très diminuée. Nous avons vu au n° 3, page 6, que, dans la machine Gramme, une mauvaise position donnée aux balais amène une réduction analogue du courant. Nous sommes entré dans ce détail pour montrer

1. PAGET HIGGS. *Electric transmission of Power*, 1879.
2. *Id., Loc cit.*

qu'on aurait bien tort de voir dans cette interruption du
courant une supériorité de la machine Brush sur les précédentes.

Il paraît que, dans la dernière disposition donnée à la
machine Brush, le commutateur est disposé de telle sorte
que le courant de chaque couple de bobines est envoyé
alternativement dans les électro-aimants et dans le circuit
extérieur[1], sans être jamais interrompu dans l'un ou dans
l'autre. Cela exige l'emploi de deux paires de balais, et
nous n'en voyons pas les avantages.

Nous reviendrons sur cette machine en traitant des
applications; on en a réalisé, en effet, de fort importantes

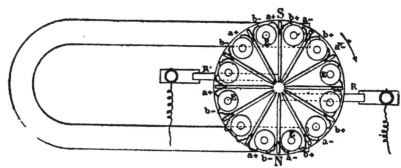

Fig. 12.

25. — *Machines de la première catégorie.* — Les machines
de M. Gramme, de M. Hefner von Alteneck et de M. Brush
appartiennent toutes les trois à une même famille, caractérisée par la position du plan de partage, qui est perpendiculaire à la ligne des pôles de l'électro-aimant inducteur.

26. — *Machines de la deuxième catégorie.* — Il y a lieu
de comprendre dans une seconde classe, les machines que
nous allons énumérer et qui sont caractérisées par la position du plan de partage, qui passe par la ligne des pôles
de l'inducteur.

27. — *Machine Niaudet.* — Nous avons fait construire,

1. *Engineering*, 21 janvier 1881.

en janvier 1872, une machine à courants continus dans laquelle nous faisions usage du commutateur de Gramme ; mais au lieu de l'anneau nous avions un plateau (*fig.* 12), portant une série de bobines montées sur des noyaux de fer, passant devant les pôles d'un aimant fixe et associées les unes aux autres comme les sections de l'anneau Gramme. Cet appareil, réduit à deux bobines, est une machine de Clarke, avec commutateur de redressement. Mais si on le dispose comme l'indique la figure, on obtient un courant qui est d'autant plus constant que le nombre des bobines est plus grand.

On sait que dans la machine de Clarke le courant engendré dans la bobine change de sens quand elle passe devant les pôles de l'aimant. Par conséquent le plan de partage, pour cette machine et toutes celles faites à son imitation, passe par la ligne des pôles.

Il est à peine besoin de dire que la machine en question et celles fondées sur le même principe sont reversibles, et peuvent être employées comme moteurs électro-magnétiques.

Des raisons personnelles nous ont fait abandonner cette machine, qui est susceptible d'applications et qui pourra être reprise un jour.

28. — *Machine Lontin.* — La machine de M. Lontin diffère de la précédente en ce que les bobines, au lieu d'être placées parallèlement à l'axe qui les porte, sont placées radialement.

On a tiré bon parti de cette machine ; on l'a surtout employée comme excitatrice des électro-aimants fixes de machines à courants alternatifs agissant sur des lampes à arc voltaïque.

29. — *Machine Wallace Farmer.* — Cette machine, originaire d'Amérique, a reçu différentes formes ; la *fig.* 13 représente l'une d'elles.

On voit que cet appareil présente deux plateaux de

fonte montés sur l'axe et portant chacun une série de
noyaux de fer montés à angle droit, sur lesquels des fils
sont enroulés et rattachés à un commutateur de Gramme,
juste comme dans notre machine. En réalité, on a là deux
machines absolument distinctes, qu'on pourrait employer

Fig. 13.

séparément ; mais, en pratique, on réunit les courants des
deux plateaux en un seul qui parcourt les fils des électro-
aimants fixes et le circuit extérieur.

On présente quelquefois comme un avantage de cette
machine et de celle de Brush qu'elles offrent une grande
surface de refroidissement ; c'est là un avantage véritable,
mais acheté chèrement par la résistance présentée par l'air
au mouvement.

DEUXIÈME PARTIE

ÉTUDE DES MACHINES

———

PROPRIÉTÉS
DES MACHINES MAGNÉTO-ÉLECTRIQUES

1. — *Propriétés générales*. — En se reportant à ce qui a été dit du principe de la machine, il est facile de comprendre qu'elle produit des courants dont le sens change avec le sens de la rotation.

Il suffit du galvanomètre le plus grossier pour le constater.

2. — La continuité du courant résulte clairement de ce que le mouvement producteur de l'électricité est continu et de ce que le circuit n'est jamais rompu. Et il n'est jamais rompu, parce que les frotteurs ou balais commencent à toucher à l'une des pièces du commutateur avant d'avoir abandonné la précédente. D'ailleurs la nature flexible et multiple de ces frotteurs fait qu'ils touchent toujours par quelques points, sinon sur toute la ligne de contact au repos.

3. — On voit aisément, au moyen d'un galvanomètre ordinaire, que le courant augmente avec la vitesse de rotation. La force électro-motrice est proportionnelle à la vitesse ; on l'a vérifié bien des fois jusqu'à de grandes vitesses. Nous pouvons citer notamment des expériences que M. Jamin et nous-même avons faites au laboratoire de la Sorbonne. La vitesse a varié entre des limites très éten-

dues; la force e. m. a passé de 1 à 2, 3 etc., jusqu'à 10 Bunsen. Il est certain que cette augmentation de la force en proportion de la vitesse ne peut pas se vérifier indéfiniment, mais elle a été constatée à des vitesses de 3,000 tours par minute; on peut donc l'admettre d'une manière générale dans la pratique.

Cette propriété de la machine Gramme est une preuve expérimentale de cette vérité abstraite, qui sert de point de départ à toute théorie des machines à induction : si un conducteur se transporte parallèlement à lui-même dans un champ magnétique, il devient le siège d'un courant dont *l'intensité est proportionnelle à la vitesse de translation*.

4. — D'autre part on constate que l'intensité du courant produit dans un circuit donné, par une machine Gramme, n'est pas proportionnelle à la vitesse ; il faut donc conclure que la résistance de la machine n'est pas invariable. On admet que cette augmentation de la résistance se produit au commutateur entre les frotteurs et les collecteurs; mais cette question n'a jamais été éclaircie d'une manière complète, à notre connaissance.

Il faut dire cependant que cette augmentation de résistance n'est pas fort grande et on n'est pas loin de la vérité dans beaucoup de cas, en la négligeant. On peut donc prendre comme grossièrement exact le calcul suivant : si une machine Gramme, tournant à une vitesse V, donne un courant identique à celui que fournirait un élément Bunsen de petite dimension ; la même machine, tournant à une vitesse double 2 V, donnera un courant semblable à celui que fourniraient 2 éléments Bunsen de dimension double, puisque la résistance de ces 2 éléments doit être égale à celle de l'élément unique qui nous a servi de comparaison ; c'est-à-dire que la quantité croît dans le même rapport que la force électro-motrice.

5. — Le travail converti en électricité par une machine

magnéto-électrique est proportionnel à $\dfrac{E^2}{R}$ et par suite à E^2.

On suppose, bien entendu, le circuit et la résistance de la machine invariables.

On peut donc dire que le *travail est proportionnel au carré de la vitesse*, sauf la variation qu'apporte à la résistance du circuit, le collecteur, suivant la vitesse du mouvement et l'augmentation de la résistance par l'échauffement.

6. — La force e. m. d'une machine est, toutes choses égales d'ailleurs, proportionnelle au nombre de spires enroulées sur l'anneau, puisqu'elle correspond au nombre des spires parcourant le champ magnétique inducteur dans un temps donné.

Mais on ne pourrait, sans réduire l'intensité du champ magnétique, augmenter la distance entre l'anneau de fer et les pièces polaires de l'aimant qui l'enveloppent; il faut donc, en même temps qu'on augmente le nombre des fils, diminuer leur diamètre; la résistance augmente donc rapidement. Si on néglige l'épaisseur de la soie ou du coton qui enveloppe le fil, on peut dire que la résistance croît comme le carré du nombre des spires, tandis que la force e. m. croît seulement comme ce nombre.

7. — Beaucoup d'expériences rendant utile le renversement du mouvement dans les machines de laboratoire, les frotteurs ou balais collecteurs touchent tangentiellement le cylindre commutateur; de cette façon ils n'opposent aucun obstacle au mouvement ni dans un sens ni dans l'autre.

Quand, dans une série d'expériences, on se réserve de changer le sens du mouvement, il convient de placer les points de contact des balais exactement dans la ligne perpendiculaire à la ligne des pôles; quand au contraire on veut produire un courant intense et tourner à grande vitesse, il convient d'avancer le point de contact dans le sens du mouvement afin de produire le moins d'étincelles

possible au commutateur. La suppression absolue (ou presque absolue) des étincelles n'est possible que pour une position
tion unique des balais et pour chaque vitesse de rotation.

8.—Les machines Gramme à aimant, représentées par les
fig. 4, 5, 6 et 8, sont aujourd'hui en grand nombre dans
les laboratoires; le but qu'on s'est proposé en les con-
struisant a été de dispenser les physiciens de l'embarras
de monter une pile de 1 à 10 éléments Bunsen. Souvent
une expérience facile à faire est renvoyée à plus tard,
faute qu'on ait sous la main une pile d'intensité convenable. Souvent on hésite à faire la petite dépense du montage de quelques éléments ou à en prendre la peine, pour
un essai qui ne doit durer qu'un instant. La machine
Gramme est destinée à fournir, au professeur pour ses
leçons et au physicien pour ses études, une source toujours
prête, variable à volonté et ne demandant qu'une dépense
de force musculaire.

A la vérité, il est fort difficile de faire avec le bras, ou
même avec le pied, un effort prolongé correspondant à la
dépense d'énergie que fait une pile de 6 à 10 éléments Bunsen; mais beaucoup d'expériences réussissent cependant,
parce que la vitesse qu'on imprime à la machine est
nécessairement variable et passe par des maxima qui vain-
quent l'inertie particulière du phénomène, après quoi il
continue avec une intensité de courant beaucoup moindre.

9. — *Emploi dans les laboratoires.* — Les machines
Gramme peuvent servir à exciter des électro-aimants, à
faire fonctionner des télégraphes, etc.

Elles permettent de faire toutes les expériences de l'é-
lectro-dynamique et spécialement celles d'Ampère qui se
répètent dans tous les cours.

La machine Gramme sert également à exciter les bobines
d'induction. Elle permet donc d'illuminer les tubes de
Geissler et de répéter les expériences de M. Crookes.

Le choix à faire de l'anneau Gramme dépend d'ailleurs

de la bobine d'induction dont on fait usage. Si le fil inducteur de la bobine est long et résistant, il y a lieu d'employer un anneau Gramme à fil plus fin. Des expériences que nous avons récemment faites avec M. Salleron, nous font penser que des bobines construites spécialement, donneraient, actionnées par les machines Gramme, des effets sinon absolument nouveaux, du moins très remarquables.

Les bobines construites en France, notamment dans les ateliers de Ruhmkorff, donnent de meilleurs résultats avec un anneau de Gramme construit avec du fil de 2 millimètres de diamètre. Celles qui se font en Angleterre, et particulièrement celles de M. Apps, donnent de meilleurs effets avec des anneaux Gramme à fil plus fin (11/10 millimètre de diamètre); nous l'avons constaté notamment avec la belle bobine que M. Crookes emploie à ses célèbres expériences sur la matière radiante.

M. Ruhmkorff a pu obtenir des étincelles de 38 centimètres de long avec une bobine d'induction, qui, au maximum avait donné 40 centimètres, avec une forte pile de Bunsen. Il l'excitait avec une machine Gramme à pédale, dont l'anneau était construit avec du fil de 2 millimètres. Cette expérience est déjà ancienne, puisque M. Ruhmkorff est mort depuis plusieurs années. On obtiendrait probablement davantage aujourd'hui.

M. Apps a obtenu récemment (1880) des étincelles de 185 millimètres, avec une bobine d'induction construite pour donner 137 millimètres, excitée par une machine Gramme tournée à la main et dont la roue commandait un pignon quinze fois moins nombré.

10. — *Actions chimiques.* — Il est facile de décomposer l'eau par le courant de la machine Gramme à aimant dans un voltamètre.

Les anciens voltamètres, qui présentent seulement deux fils de platine, ne donnent que très peu de gaz et doivent être écartés.

Si on ne se propose pas de séparer les deux gaz, le vol-

tamètre de Bunsen peut être employé avec avantage ; ses
électrodes sont deux lames de platine assez étendues et
assez rapprochées l'une de l'autre ; les fils qui y aboutissent
traversent la paroi, dans laquelle ils sont soudés au moyen
d'un émail fondu au chalumeau. Un tube abducteur conduit les deux gaz mélangés dans une éprouvette sur une
cuve à eau, de la façon généralement employée par les chi-
mistes pour recueillir les gaz.

On sait que l'électrolyse de l'eau est accompagnée de
formation d'ozone, d'eau oxygénée et d'acide persulfurique
(découvert récemment par M. Berthelot), formé avec l'acide
sulfurique ajouté à l'eau pour la rendre conductrice ; on
ne peut donc pas obtenir un mélange gazeux dans les pro-
portions exactes qui répondent à la formation de l'eau.

Si on se propose d'obtenir les deux gaz séparément, il
faut, croyons-nous, employer deux électrodes très étendues, très voisines, mais séparées l'une de l'autre par une
cloison poreuse, par exemple par du papier parchemin. La
meilleure forme à donner à ces organes est la forme cylindrique, l'une des électrodes enveloppant l'autre et le vase
poreux. Il faut se borner à recueillir l'un des deux gaz
dans la cellule intérieure. Nous croyons que dans les laboratoires pourvus d'un moteur, on trouvera souvent avantage à préparer de cette façon de l'oxygène ou de l'hydrogène qu'on obtiendra très purs ; mais pour les obtenir en
quantité un peu grande, il faudra certainement des voltamètres assez dispendieux, car leurs électrodes doivent avoir
une grande surface et ne doivent pas être trop minces,
parce que leur résistance exagérée ralentirait l'action électrique. Il est probable qu'il y aurait avantage à employer
des électrodes de platine platiné, comme l'a proposé Smee
dans les piles qui portent son nom, afin de diminuer la polarisation des électrodes et de faciliter le passage du courant
et le dégagement des bulles de gaz.

11. — On peut également dorer, argenter ou nickeler
des objets métalliques ; c'est une expérience qui se fait en

quelques minutes et qui, par ce motif, convient très bien pour les cours.

12. — *Actions calorifiques*. — On rougit aisément un fil de platine ou mieux de platine iridié, d'un diamètre et d'une longueur qui dépendent de la grosseur du fil de cuivre enroulé sur l'anneau Gramme.

La meilleure manière de faire l'expérience consiste à placer le fil de platine dans un tube de verre qui diminue le refroidissement par les courants d'air; ce tube est vertical, fermé par en bas et ouvert seulement en haut; au fil est suspendue une petite boule de fer, qui fait contact avec du mercure placé à la partie inférieure. Ce petit poids maintient le fil tendu malgré son allongement par la chaleur.

Cette expérience peut servir à montrer la dilatation des métaux par la chaleur et l'effet inverse résultant du refroidissement.

Avec la machine à pédale on peut rougir sans grand effort :

50 centimètres de fil de platine de 3/10 de millimètre avec l'anneau Gramme couvert de fil de 11/10,

et 15 centimètres de fil de platine de 7/10 de millimètre avec l'anneau de fil de 20/10 de millimètre.

Avec la machine à manivelle décrite au même paragraphe, on a rougi, en tournant à la main :

10 centimètres de fil de platine de 1 millimètre avec l'anneau de 20/10,

et 40 centimètres de fil de platine de 3/10 de millimètre avec l'anneau de 11/10.

On peut également rougir et fondre un fil de fer, et c'est encore en le plaçant verticalement que l'expérience réussit le mieux. Elle est peut-être ainsi plus intéressante qu'avec le platine, parce que la température de la fusion du fer est définie et permettrait de faire quelques calculs ou comparaisons, tandis que l'ignition de platine sera appréciée d'une manière différente dans des expériences successives.

13. — *Actions physiologiques.* — Il est intéressant de constater que si le mouvement de la machine est uniforme, on peut tenir dans les mains les deux rhéophores sans recevoir aucune secousse, ni impression quelconque sur le système nerveux. Tout se passe donc comme si, à la place de la machine, il y avait une pile.

Mais si le courant est interrompu, il se produit un extra-courant, qui donne une secousse d'autant plus forte que le courant était plus intense. A intensité égale du courant, l'extra-courant sera plus fort avec la machine qu'avec la pile, à cause de la réaction de l'anneau sur les spires et des spires les unes sur les autres.

Pour produire systématiquement ces interruptions, on peut mettre une roue à dents sur l'axe de l'anneau et couper le circuit autant de fois par tour qu'il y a de dents à la roue.

On peut également tenir de la main gauche un des rhéophores mis en contact avec une lime, et frotter avec la droite l'autre rhéophore sur les aspérités de la lime ; à chaque ressaut sur les dents correspond une secousse électrique.

On peut enfin mettre dans le circuit un interrupteur automatique ou trembleur, et toucher avec les mains deux points du circuit séparés par le trembleur.

14. — *Action sur le téléphone.* — Diverses personnes ont essayé l'action du courant de la machine Gramme sur le téléphone de Bell. Les explications que nous avons données sur la construction de la machine et de son commutateur, font comprendre que le courant produit est continu, mais légèrement et périodiquement varié. Au moment où le frotteur touche à la fois deux parties voisines du commutateur, il est manifeste que l'une des sections de l'anneau se trouve fermée sur elle-même, et que le courant (très faible d'ailleurs) qui y prend naissance est perdu pour l'effet utile de la machine. A l'instant d'après, cette même section rentre dans le circuit principal et concourt de nouveau à l'effet utile.

On voit donc qu'il y a des variations dans l'intensité du courant fourni par la machine, supposée tournant avec une vitesse invariable, et que ces variations ne seraient nulles que si le nombre des éléments ou sections de l'anneau était infini.

On doit donc considérer le courant de la machine Gramme comme périodiquement variable ou ondulatoire.

Il résulte de là qu'un téléphone mis dans le circuit d'une machine Gramme doit rendre un son plus ou moins grave ou aigu, suivant la vitesse de la machine ; c'est aussi ce que l'expérience confirme.

Il est à propos de rappeler ici que les courants ondulatoires peuvent avoir une intensité alternativement positive et négative ; ils peuvent osciller au-dessus et au-dessous de l'intensité nulle. C'est le cas des courants fournis par un téléphone Bell transmetteur et producteur de courant.

Mais ils peuvent aussi être ondulatoires sans passer par zéro. L'intensité peut avoir des variations autour d'une valeur moyenne positive. C'est le cas des courants transmis par les téléphones transmetteurs à charbon, courants fournis par une pile et rendus ondulatoires par les variations de résistance du microphone.

Les courants ondulatoires qui agissent sur le téléphone Bell soumis à l'action d'une machine Gramme, sont de cette seconde espèce.

Dans les machines de laboratoire, l'anneau est divisé en trente sections ; dans les machines à électro-aimant, il y a soixante sections. On pourrait faire agir les machines les plus puissantes sur un téléphone, en le plaçant dans une dérivation ou shunt.

15. — *Galvanomètre de Marcel Deprez.* — L'instrument ingénieux que M. Marcel Deprez a fait connaître en 1880, s'est montré également capable de trahir, non seulement les moindres variations de vitesse d'une machine Gramme, mais encore les petites variations ondulatoires qui se présentent, comme nous venons de l'expliquer, même dans le cas d'un mouvement parfaitement régulier.

C'est ce que l'inventeur a eu l'occasion de montrer à la Société de Physique dans sa séance du 5 mars 1880.

La *fig.* 14 représente cet appareil sous une des formes qu'il a reçues.

L'aiguille est ici multiple; ce sont réellement seize ou dix-huit petites aiguilles parallèles, montées sur un axe unique, et dont l'aspect particulier a fait dénommer l'appareil *galvanomètre à arête de poisson*. Ces aiguilles sont de

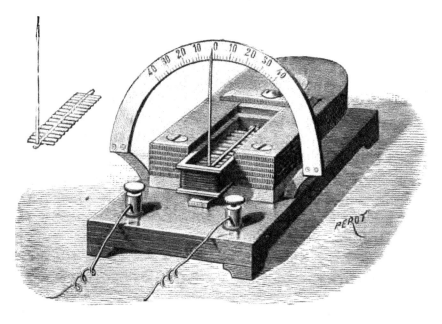

Fig. 14.

fer doux; elles sont placées, comme on le voit clairement, entre les deux branches parallèles d'un aimant en fer à cheval. Cet aimant puissant leur donne un magnétisme et les dirige énergiquement dans son plan, si énergiquement que si on écarte à la main le système des aiguilles, il revient par un saut brusque à sa position de repos et y oscille entre des limites très rapprochées.

Le conducteur du courant qui doit agir sur l'aiguille est placé sur un petit cadre rectangulaire entre les aiguilles et les branches de l'aimant.

Dès que le courant passe, on voit l'aiguille sauter brusquement à sa position nouvelle d'équilibre et s'y tenir, sans passer par ces longues oscillations qui, avec les galvanomètres ordinaires, font perdre tant de temps aux expérimentateurs.

L'instrument est complété, la figure rend presque inutile de le dire, par une aiguille indicatrice mobile devant un cadran. Dans l'appareil ici représenté, l'axe qui porte les aiguilles est dans le plan horizontal de l'aimant directeur. Dans une autre disposition, cet axe est perpendiculaire à la direction générale de cet aimant; l'aiguille aimantée est unique et se meut dans le plan vertical; il résulte de cet arrangement que l'indicatrice est rabattue sur l'aimant et que l'appareil a un moindre volume. Nous avons préféré représenter la disposition dite à arête de poisson, parce qu'elle est plus facile à faire saisir dans un dessin.

On peut composer le conducteur de plusieurs spires de fil recouvert de soie, comme dans l'appareil figuré, ou bien le former d'une seule lame de cuivre, pour rendre sa résistance presque nulle.

On voit par la description qui précède que ce galvanomètre n'a pas besoin d'être orienté, puisque son aiguille, dans la position qu'elle occupe, est soumise à une action magnétique infiniment plus grande que celle de la terre.

Mais la propriété la plus importante de cet instrument est de donner instantanément l'indication de l'intensité du courant; il en résulte en effet la possibilité de montrer des variations très brusques de l'intensité, variations que les galvanomètres actuels sont impuissants à faire connaître. Cette propriété tient à l'extrême légèreté du système mobile et à la grande énergie des actions qui le sollicitent. Quand l'aiguille arrive par un saut un peu grand à sa position d'équilibre entre les efforts de l'aimant et du courant, on la voit bien osciller un moment, mais ces oscillations ont le caractère des vibrations d'un diapason et témoignent de l'énergie des actions mises en jeu.

16. — Ces galvanomètres se prêtent parfaitement à un étalonnage qui, une fois fait, permet de lire à première vue, sur l'instrument, la mesure en Webers de l'intensité du courant qui le traverse.

On sait que l'intensité prise pour unité par l'Association Britannique, le *Weber*, est celle du courant fourni par une force électro-motrice égale à l'unité le *Volt,* dans un circuit de résistance égale à l'unité l'*Ohm*.

La formule d'Ohm $I = \dfrac{E}{R}$ établit la liaison entre ces trois unités. Quand E et R sont respectivement égaux à l'unité, leur quotient est aussi égal à un.

$$\text{Weber} = \frac{\text{Volt}}{\text{Ohm}}.$$

Une difficulté qui empêche généralement de graduer les galvanomètres en unités absolues se rencontre dans leur résistance propre. La formule est :

$$I = \frac{E}{R + g},$$

R étant la résistance générale du circuit et g celle du galvanomètre.

On voit donc que l'introduction du galvanomètre dans le circuit change l'intensité du courant, sans qu'il soit possible de faire la correction simplement.

Avec l'appareil de M. Deprez, cette difficulté est écartée ; la résistance propre du galvanomètre à 5 spires est égale à 3/100 d'Ohm ; elle est moindre encore quand on ne met qu'une seule spire formée d'une bande de cuivre large et assez épaisse. On peut donc dans presque tous les cas regarder comme négligeable la résistance du galvanomètre, et par conséquent on peut l'introduire dans un circuit sans changer l'intensité qu'on se propose de mesurer.

Il est clair que tout autre galvanomètre à résistance négligeable présenterait la même facilité ; et on peut construire les boussoles de tangentes de manière à réduire autant qu'on le veut la résistance. C'est ainsi notamment que sont construites les boussoles de tangentes de Obach, qui sont excellentes à tous égards. Mais ces instruments sont de fort grande dimension, ils doivent être orientés avec soin, tandis que le galvanomètre Deprez est fort petit et peut aussi bien être placé horizontalement que verticalement.

Cette difficulté opposée par la résistance n'est pas la principale qu'on rencontre dans la mesure des intensités absolues; dans les galvanomètres ordinaires intervient l'action magnétique de la terre, et on ne peut pas admettre comme constant le magnétisme terrestre, ni par suite attendre qu'une intensité donnée produise toujours la même déviation de l'aiguille.

Dans le galvanomètre de Deprez, l'action de la terre se trouve supprimée ou plutôt masquée par celle d'un fort aimant qui, s'il n'est soumis à aucune action magnétique, gardera invariablement son énergie. On pourra d'ailleurs soumettre l'instrument à des vérifications et constater par une seule mesure qu'il n'a pas changé.

Nous croyons que le magnétisme d'un aimant un peu fort est invariable, à condition qu'on ne le touche pas avec des pièces de fer ou d'acier, et que par conséquent le galvanomètre Deprez sera permanent dans ses indications.

La question sera tranchée par l'expérience avant longtemps.

17. — Le galvanomètre Deprez peut être modifié pour servir à la mesure directe des forces électro-motrices, et plus généralement des différences de potentiel entre deux points d'un circuit, à la condition que la résistance entre ces deux points soit petite par rapport à celle du galvanomètre. On donne alors à l'instrument une résistance qui s'élève à 300 ou 400 Ohms, en employant du fil très fin.

18. — Quand l'emploi d'instruments de ce genre sera

généralisé, la clarté la plus grande sera répandue sur quantité de questions aujourd'hui encore obscures.

On mesurera sans peine toutes les quantités qui entrent dans les problèmes électriques ; on déterminera les intensités, les différences de potentiel, les quantités de travail accompli dans toutes les parties d'un circuit ; on obtiendra toutes ces données plus facilement qu'aujourd'hui dans la mécanique ordinaire on ne fait les mesures dynamométriques.

On verra dans la troisième partie comment les deux instruments, dont nous venons de parler, appliqués à un même circuit, permettent de calculer la quantité d'énergie dépensée dans une partie du circuit, et même dans le circuit tout entier, — en d'autres termes, quelle partie du travail fourni par le moteur a été convertie en électricité.

Nous croyons même que le temps n'est pas éloigné où les phénomènes électriques dès aujourd'hui si parfaitement rattachés à la mécanique générale et thermique, où ces phénomènes, disons-nous, serviront à résoudre mille problèmes de physique dont la solution directe n'a pas encore été fournie.

On pourra trouver que la description du galvanomètre Deprez fait ici un hors-d'œuvre ; cela est incontestable. Nous l'avons présentée à cette place, parce que l'instrument n'est pas encore très connu, et que les indications relatives à l'étalonnage qui en fait un galvanomètre absolu d'intensité et un potentiomètre, n'ont pas encore été publiées.

PROPRIÉTÉS
DES MACHINES DYNAMO-ÉLECTRIQUES

19. — Les machines dynamo-électriques, qu'il aurait mieux valu appeler auto-excitatrices, peuvent, comme nous l'avons dit, être disposées de deux manières, suivant que

l'électro-aimant fixe est dans le circuit unique ou dans une branche dérivée.

Nous parlerons surtout des machines à circuit unique, parce que ce sont les plus répandues ; mais dans beaucoup de cas nos observations seront applicables aux unes et aux autres.

Ces machines à circuit unique présentent une particularité que nous devons signaler. Supposons la machine tournant à une vitesse déterminée et fournissant un courant dans un circuit donné. Si la résistance du circuit augmente pour un motif ou pour un autre, l'intensité du courant diminue conformément à la loi d'Ohm ; cette diminution a pour effet de réduire la puissance de l'électro-aimant fixe de la machine, la richesse du champ magnétique qui entoure l'anneau, et par suite l'intensité du courant qui y prend naissance. Ainsi la réduction d'intensité se fait en deux temps, d'abord à raison de la moindre conductibilité du circuit, et ensuite par l'action que cette réduction a sur l'excitateur magnétique de l'appareil. Il résulte de là que non seulement l'intensité diminue, mais aussi la force électro-motrice de la source ; et les choses ne se passent pas avec la même simplicité que quand la source est une machine à aimant ou une pile. Il importe de dire en terminant que l'effet utile de la machine n'est peut-être pas changé, malgré ces variations de l'intensité et de la force électro-motrice ; il est possible que la quantité de travail absorbé par la machine reste sensiblement dans le même rapport avec la quantité d'électricité produite.

20. — On convient d'appeler *machines dynamo-électriques parfaites*, celles dans lesquelles le magnétisme des électro-aimants inducteurs croît proportionnellement à l'intensité du courant magnétisant. Ces machines ne sont pas idéales, comme on pourrait le croire ; au contraire, toutes les machines sont pour de faibles vitesses des machines parfaites dans le sens que nous avons indiqué ; car pour de faibles intensités le magnétisme croît dans la même proportion que l'intensité du courant.

Mais il est fort loin d'en être ainsi pour les grandes vitesses qu'on donne habituellement aux machines dans les
applications.

Considérons une machine parfaite travaillant dans un
circuit fermé et invariable. La force électro-motrice est proportionnelle à la vitesse de rotation et à l'intensité du
champ magnétique, qui est elle-même par hypothèse proportionnelle à l'intensité du courant et par suite à la vitesse de rotation. Par conséquent, *la force électro-motrice
est proportionnelle au carré de la vitesse de rotation.*

Si nous considérons *le travail* équivalent à la production d'électricité, nous nous rappelons qu'il est égal au produit de la force électro-motrice par l'intensité, ce qui
montre qu'il *est proportionnel au cube de la vitesse de rotation.*

L'expérience montre que dans les machines ordinaires
la dépense de travail croît beaucoup moins vite que le
cube de la vitesse ; cela tient surtout, comme nous l'avons
dit, à ce que l'intensité du champ magnétique ne croît pas
proportionnellement à l'intensité du courant ; mais l'augmentation du frottement entre aussi en ligne de compte,
l'échauffement des fils conducteurs et peut-être d'autres
causes encore.

21. — *Dépense d'énergie pour la production du magnétisme.* — C'est un fait bien connu que l'échauffement d'un
barreau de fer doux, qui est aimanté et désaimanté un grand
nombre de fois dans un temps court.

Il a été observé en particulier par M. Siemens, quand il a
inventé son armature rotative placée entre des pôles d'aimant.

On l'a montré souvent avec les machines de l'Alliance à
courants alternatifs. En faisant passer ces courants dans
une bobine et mettant au centre une petite pièce de fer,
elle s'échauffe rapidement.

En présence de ce fait, on est amené à se demander si
la chaleur est produite au moment de la production du

magnétisme ou pendant qu'il dure, ou enfin au moment où il cesse.

22. — Remarquons, par manière d'introduction, qu'un aimant permanent est comparable à un ressort armé ; il faut une certaine dépense de force pour armer un ressort, il en faut une également pour aimanter un aimant. Il est manifeste qu'un aimant contient une certaine énergie ; il est capable de produire un certain travail ; si on lui présente une armature de fer, il peut la soulever et avec elle un certain poids ; mais, ce travail accompli, l'aimant est incapable d'en produire un nouveau ; il se présente comme un ressort désarmé. Si on vient à arracher l'armature, le travail accompli par l'aimant se trouve refait en sens inverse ; on lui rend sa capacité à attirer, le ressort se trouve réarmé. Pendant la période intermédiaire, l'armature est suspendue en repos à l'aimant ; il n'y a aucun travail dépensé.

Venons maintenant au cas d'un électro-aimant. Il paraît évident *à priori* qu'il faut une dépense d'énergie pour produire le magnétisme. Mais une fois qu'il est produit, faut-il une dépense quelconque pour le maintenir ? Et enfin quand le magnétisme cesse, que devient l'énergie que contenait l'aimant ?

L'expérience permet de trancher ces questions.

Disposons deux circuits dérivés d'égale résistance, de telle manière que les deux courants partiels soient égaux et que leur égalité soit constatée par un galvanomètre différentiel. Si l'un des circuits contient une bobine dans laquelle on vienne à mettre un barreau de fer doux, on verra cesser l'équilibre [1] entre les deux courants dérivés ; celui qui a été troublé par l'approche du fer se comporte commè ayant une résistance plus grande que celle qu'il avait tout à l'heure ; mais ce trouble n'est que temporaire ; on voit bientôt l'aiguille du galvanomètre revenir au zéro et marquer le retour à l'équilibre. Cette expérience prouve d'abord

_____
1. SPRAGUE, *Electricity*, 1re édit., p. 190.

la consommation d'énergie propre au phénomène de l'aimantation, c'est-à-dire à la production du magnétisme, et ensuite l'absence de toute dépense analogue pour le maintien du magnétisme une fois excité.

On voit en effet qu'il n'y a pas de différence entre les deux courants, dont l'un maintient un barreau aimanté et l'autre pas; par conséquent les deux dépenses d'énergie sont égales, par conséquent enfin il n'y en a aucune pour maintenir le magnétisme du barreau. Dans l'un et l'autre circuit, la dépense est entièrement calorifique.

Mais il faut remarquer que si le courant est rompu, si la dépense calorifique faite dans le circuit cesse, le magnétisme disparaît; par conséquent le maintien des électro-aimants ne va pas sans une dépense d'énergie électrique qu'il est facile de calculer, quand on connaît la résistance du fil des électro-aimants R et l'intensité du courant I; elle est égale à RI^2.

On peut appuyer les raisonnements précédents d'une comparaison mécanique. Un cerf-volant n'exige aucune dépense de travail aussi longtemps qu'il est à une hauteur invariable; cependant, si le vent cesse tout à coup, le cerf-volant tombe, et il est manifeste que son maintien en l'air était conditionnel d'un certain travail du vent.

M. Ayrton a fait une expérience qui confirme ce que nous venons de dire pour la période du maintien du magnétisme. Il a constaté directement qu'un barreau de fer énergiquement aimanté par un courant très intense ne s'échauffe en aucune façon. Il faisait usage pour cette constatation d'un appareil thermo-électrique d'une extrême sensibilité. Il avait d'ailleurs pris la précaution indispensable de faire circuler un courant d'eau à température constante entre le fil parcouru par le courant et le fer aimanté par son influence.

23. — Il nous reste à examiner la troisième phase du phénomène, c'est-à-dire la cessation du magnétisme. Nous avons vu l'aimant absorber de l'énergie au moment où il

s'est aimanté; que devient cette énergie quand il se désai-
mante? Il paraît indiscutable qu'elle doit reparaître sous
forme de chaleur, et nous trouvons ainsi l'explication du
phénomène dont nous avons parlé en commençant, à savoir,
l'échauffement d'un barreau aimanté et désaimanté un
grand nombre de fois.

24. — Appliquons ces principes à l'étude des machines
dynamo-électriques. Nous voyons que pendant la courte
période de temps que dure l'aimantation des électro-aimants
inducteurs, il y a une dépense d'énergie assez grande, répondant à la production du magnétisme. Pendant le travail régulier de la machine, il n'y a pas de dépense pour le maintien du magnétisme, si on peut ainsi parler; mais il y a
bien réellement une dépense d'énergie calorifique par le
passage du courant dans le fil des électro-aimants inducteurs, dépense dont nous avons donné la formule; la mesure en kilogrammètres serait $\dfrac{RI^2}{9,81}$. La période de désai-
mantation est sans intérêt.

Ce que nous venons de dire suppose le courant constant;
s'il est variable d'une manière périodique, il y a une dépense à faire pour ramener chaque fois le magnétisme de
sa moindre valeur à sa plus grande. Le courant des machines Gramme et Hefner von Alteneck est ondulatoire, et
ne serait mathématiquement constant que si le nombre des
sections de l'anneau était infini. Mais au point de vue de
la pratique, avec des anneaux de Gramme composés de
60 sections, le courant peut être considéré comme constant
et les variations qui se produisent dans le magnétisme des
électro-aimants inducteurs, comme négligeables.

Il y a là une supériorité marquée de la machine Gramme
sur divers autres appareils qui, par suite de leur principe ou
de leur construction, fournissent un courant dont les variations périodiques sont beaucoup plus marquées.

25. — *Equivalence mécanique de l'électricité*. — Une des expériences les plus intéressantes qu'on puisse faire avec la machine Gramme, consiste à la faire tourner d'abord avec le circuit ouvert, puis avec le circuit fermé, et de constater qu'il faut un plus grand effort dans le second cas.

L'expérience est d'autant plus frappante, qu'on fait tourner la machine plus rapidement avant de fermer le circuit, et qu'on le ferme ensuite avec une moindre résistance. Un fil de cuivre de fort diamètre et le plus court possible doit être employé pour réunir une borne à l'autre.

On peut faire tourner la machine, soit à la main, pour les machines à manivelle et à engrenage, soit au pied pour les machines à pédale, soit avec un moteur.

La machine Gramme constitue dans ces expériences un frein magnétique ou électro-magnétique d'une efficacité souvent extraordinaire.

Il nous est arrivé, en donnant une vitesse à la vérité fort grande à une machine de laboratoire, de ralentir la marche d'une machine à vapeur de huit chevaux, et de la ralentir de telle façon, que tout le travail de l'atelier qu'elle commandait s'en est trouvé momentanément troublé.

A ce propos, nous ferons une observation qui répond à des hésitations fort naturelles. Une machine Gramme peut, sans inconvénient sensible, recevoir une vitesse énorme ; nous avons été jusqu'à 4,000 tours par minute. Le dommage ne se produirait que si cette vitesse était maintenue pendant quelque temps ; un échauffement considérable en résulterait et, par suite, l'enveloppe de coton ou de soie qui recouvre les fils pourrait être carbonisée.

Dans des expériences de courte durée, on peut demander à une machine Gramme des efforts très grands et lui faire produire des effets beaucoup plus beaux que ceux qu'elle donne avec une vitesse normale et susceptible d'être maintenue longtemps.

A ce point de vue les machines sont exactement comparables aux moteurs animés et particulièrement aux chevaux de course. Ces animaux accomplissent, en effet, pendant une période très courte, de une à cinq minutes, un travail tel, que si on le prolongeait, même très peu, il suffirait à les tuer.

26. — Ces expériences peuvent être répétées avec une machine Gramme à électro-aimant mue par un moteur.

Le fait suivant s'est produit dans des expériences faites au chemin de fer du Nord. Une machine motrice à gaz de deux chevaux de force a été arrêtée instantanément par une machine Gramme mise en court circuit; cet effet fut obtenu en appuyant une clef simultanément sur les deux bornes qui étaient placées l'une près de l'autre. Ce sont des accidents de ce genre qu'amène l'ingérence des curieux dans les expériences d'électricité.

27. — On peut opérer d'une manière moins violente, pour ainsi parler, et obtenir des effets très intéressants. Supposons qu'on ferme le circuit d'une dynamo-machine sur un fil métallique long, mais tel qu'il soit possible de le rougir, comme nous l'avons dit en parlant des effets calorifiques.

Voici comment les choses se passent : au début, la machine à vapeur tourne à vide et relativement vite. On ferme le circuit. Aussitôt on voit se produire un ralentissement très marqué du moteur ; la machine Gramme agit comme frein, l'électricité qu'elle produit se transforme en chaleur et présente un cas très singulier de résistance passive. Bientôt le fil rougit ; son échauffement augmente sa résistance, il en résulte que l'intensité du courant diminue ; par suite la quantité de travail absorbée et convertie en électricité diminue ; en d'autres termes, la résistance opposée par la machine Gramme diminue et conséquemment le moteur augmente de vitesse, d'une manière lente et progressive. Enfin, si le fil fond et se rompt, le circuit se trouve ouvert tout à coup, toute production d'électricité cesse, la résistance opposée par la machine Gramme se réduit presque à rien et le moteur à vapeur s'emporte.

Ces alternatives de diminution et de reprise de la vitesse sont très sensibles, et n'échappent pas à l'observation la plus superficielle; leur explication est facile; elle jette quelque clarté sur le mode d'action de la machine Gramme; elle contribue à faire comprendre ces jeux de transformation de l'énergie (mouvement, électricité, chaleur), qui sont l'un des principaux objets d'étude de la physique nouvelle.

28. — *Réversibilité de la machine.* — Toutes les machines magnéto-électriques à courants continus ou redressés sont des appareils réversibles, c'est-à-dire qu'ils peuvent également transformer la force mécanique en électricité ou l'électricité en force.

La machine Gramme présente cette propriété au plus haut degré.

Nous parlerons plus loin de l'emploi de cet appareil comme moteur électro-magnétique.

Nous voulons présenter d'abord une série d'expériences dans lesquelles la réversibilité est rendue frappante.

29. — La réversibilité de la machine Gramme peut être montrée avec une seule machine et un élément secondaire. Il faut prendre de préférence un élément secondaire de Planté à électrodes de plomb du grand modèle.

On met ces deux appareils dans un même circuit avec aussi peu de résistance intercalaire que possible (*fig.* 15).

On fait tourner à la main la machine, on produit un courant et par suite on charge l'élément secondaire ; après avoir fait cette opération pendant quelques minutes, on lâche la manivelle et on voit la machine continuer à tourner. Elle tourne en effet sous l'influence du courant secondaire de l'élément qui se décharge dans la seconde partie de l'expérience.

On reconnaît que la machine tourne dans le même sens pendant les deux périodes; cela s'explique par ce que le courant qui circule dans le circuit change de sens de la période de charge à la période de décharge ; et que, d'après la loi de Lenz, le courant producteur du mouvement est inverse du courant produit par le même mouvement [1].

30. — Plaçons dans un même circuit deux machines Gramme à aimant, A et B (sans résistance extérieure nota-

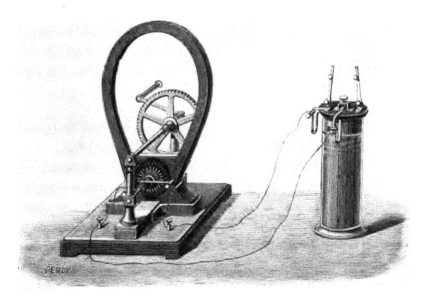

Fig. 15.

ble) ; si on fait à la main tourner la machine A, la machine B se met à tourner sous l'influence du courant de la première. Si on renverse le mouvement de la machine A, le mouvement de la machine B se renverse.

Si enfin on tourne la manivelle de la machine B, l'autre, A, obéit et se met en mouvement sous l'influence du courant de B.

Nous écrivions en 1875 dans la première édition de cet ouvrage : « Cette expérience mérite de fixer l'attention de

1. PLANTÉ et NIAUDET, Comptes rendus de l'Académie des Sciences, 1873.

toutes les personnes qui s'intéressent à la mécanique ; car elle présente d'une manière singulièrement frappante un système mécanique réversible. L'idée de réversibilité, introduite dans la science par Sadi Carnot, est historiquement au point de départ de ce qu'on appelle la théorie mécanique de la chaleur, théorie qui comprend aujourd'hui toute la physique et toute la mécanique. Cette idée de la réversibilité est habituellement présentée sous une forme tellement abstraite, que peu de gens l'acceptent et la font entrer dans le cadre de leurs réflexions ; elle est au fond bien simple, et nous croyons que les expériences sur la double fonction de la machine Gramme contribueront à la populariser. Ce ne sera pas le moindre service qu'aura rendu cette machine..... »

31. — Cette expérience montre la possibilité de transmettre la force à distance au moyen de l'électricité.

Les deux machines et le fil conducteur intermédiaire présentent un système de transport de la force aussi complet que celui formé par deux poulies et une courroie. Il serait plutôt plus juste de le comparer à un système de deux pompes rotatives placées sur un même tuyau, et dont chacune pourrait être alternativement pompe ou moteur à eau, c'est-à-dire communiquant à l'eau son mouvement ou recevant de l'eau son mouvement.

32. — Si on place un galvanomètre dans le circuit pendant les expériences, on voit que le sens du courant qui fait tourner une machine est inverse de celui du courant que produirait la machine tournée à la main dans le même sens. Cette observation est une vérification de la loi de Lenz.

Si à un moment donné les deux machines (supposées identiques) tournent à la même vitesse, le galvanomètre indiquera un courant nul ; à la vérité, il n'est guère possible de faire cette constatation avec beaucoup de précision ; mais la chose peut être regardée comme évidente.

33. — Si, au lieu d'employer deux machines à aimant, on met en expérience une à aimant A et une à électro-aimant B, on observe ce qui suit : quel que soit le sens du mouvement donné à la main à la machine A et par conséquent le sens du courant envoyé par elle dans la machine B, cette dernière tournera toujours dans le même sens.

Ainsi une machine à électro-aimant prend, sous l'influence d'un courant, un mouvement dont le sens ne dépend pas du sens du courant. Cette particularité s'explique aisément, par ce qu'en même temps que le courant change de sens dans les fils placés sur l'anneau, dans le champ magnétique, — l'orientation du champ magnétique change aussi. En effet, la polarité des électro-aimants fixes qui enveloppent l'anneau change avec le sens du courant qui les excite.

L'absence d'inversion du sens du mouvement s'explique donc par deux inversions, l'une détruisant l'autre.

34. — Une dernière expérience très curieuse peut être faite avec les deux machines A à aimant et B à électro-aimant dont nous venons de parler.

Supposons que la seconde soit commandée par un moteur quelconque, et que la première tourne sous l'influence du courant de la seconde ; si, par suite d'un ralentissement accidentel du moteur ou par toute autre cause, la force électro-motrice de la machine A devient supérieure à celle de la machine B, elle changera les pôles des électro-aimants et par suite le sens du courant que produit B ; il en résultera immédiatement un changement du sens de la rotation de A. Puis par une succession nouvelle des mêmes effets dans un ordre inverse, la machine A sera de nouveau commandée en sens inverse, de sorte qu'on verra le mouvement·de la machine A à aimant changer continuellement de sens, sans cause apparente. Cette expérience singulière a été faite pour la première fois par M. Spottiswoode, Président de la Société Royale, au commencement de 1876 ; elle n'avait pas été publiée et n'était connue que d'un petit

nombre de personnes, quand M. Gérard Lescuyer l'a faite
à son tour et l'a fait connaître dans les *Comptes rendus de
l'Académie* (26 juillet 1880).

35. — Enfin on peut employer deux machines à électro-
aimant ; la commande de l'une par l'autre se fait dans les
mêmes conditions.

C'est avec des machines de ce genre que l'industrie commence à pratiquer le transport de la force, comme nous le
dirons dans la quatrième partie consacrée aux applications.

C'est aussi dans ces conditions que l'expérience a été
rendue publique pour la première fois par M. Fontaine, à
l'Exposition de Vienne en 1873, le jour où l'Empereur
d'Autriche vint visiter la section française. C'était à vrai dire
plus qu'une expérience, car la machine réceptrice faisait
mouvoir une pompe et élevait de l'eau à une grande hauteur.

36. — Si d'ailleurs on n'a pas deux machines Gramme
à sa disposition, l'expérience du transport de la force peut
être faite avec une machine Gramme et un moteur électro-
magnétique quelconque.

C'est ainsi qu'à l'atelier de l'artillerie à Saint-Thomas
d'Aquin, les officiers directeurs font tourner une machine
à diviser de précision, au moyen du moteur à vapeur de
l'établissement, malgré la distance qui les sépare. Le moteur commande une petite machine Gramme à aimant : le
courant de cette machine est conduit au travers d'une cour
dans un autre bâtiment, et fait tourner un moteur électro-
magnétique de Froment qui commande la machine à diviser. Cette application a été réalisée au commencement
de 1877; les appareils ont toujours fonctionné depuis cette
époque.

Dans ces derniers temps seulement, l'officier chargé du
service a modifié sa première installation et mis en œuvre
une machine Gramme à électro-aimant (commandant) et
une à aimant (commandée).

37. — *Démonstration de l'équivalence du mouvement et de la chaleur.* — Quand on place dans un même circuit deux machines Gramme et un fil de platine, on peut faire une expérience frappante et instructive.

Il convient d'employer un fil de platine tel, qu'une seule des machines agissant en l'absence de l'autre puisse le rougir facilement.

On fait tourner l'une des machines (A) en arrêtant le mouvement de la seconde, B; le fil de platine rougit; la seconde machine n'agit pas; elle introduit seulement dans le circuit une faible résistance. Si, dans ces conditions, on cesse de retenir la machine B, elle se met à tourner aussitôt sous l'influence du courant de A, et en même temps le fil de platine se refroidit immédiatement et cesse d'être incandescent.

Si on arrête de nouveau la machine B, le fil de platine rougit de nouveau, etc., etc.

Ces alternatives sont de nature à rendre bien sensible l'équivalence de la chaleur qui rougit le fil de platine et du mouvement qui est donné à la machine B.

Cette expérience a été présentée pour la première fois par l'auteur de cet ouvrage, à la Société de Physique, dans sa séance du 11 juillet 1873.

38. — *Emploi de la machine comme moteur.* — On peut employer la machine Gramme comme moteur dans les laboratoires; le courant peut être fourni par une pile Bunsen de 5 à 10 éléments, ou mieux par une pile Reynier.

Elle est propre à mouvoir une machine de Holtz, des agitateurs ou d'autres appareils d'expérimentation. On a constaté que quelques éléments Bunsen employés à faire tourner une machine Gramme, entraînant une machine de Holtz, donnent des étincelles en plus grande abondance que si on les fait agir sur une bobine d'induction.

Pour des expériences de quelque durée, la meilleure pile à employer est celle de M. Reynier. Sa force électro-motrice est 1,5 Volt; la résistance de l'élément grand modèle est au début égale à 6/100 d'Ohm.

39. — L'expérience prouve qu'il y a une vitesse pour laquelle le travail mécanique fourni par le moteur est maximum; cette vitesse varie avec la machine et avec la pile. On peut la déterminer dans chaque cas au moyen d'un petit frein de Prony, sans aucune difficulté.

Dans une série d'expériences faites avec M. Raffard, nous avons obtenu les résultats suivants; nous faisions usage d'une petite machine à aimants et de six éléments Bunsen.

Nombre de tours de l'anneau par seconde.	Travail en kilogrammètres.
4,5	0,214
34	1,104
56	1,210
60	1,000
74	0,616
82	0,342
87	0,183

Le travail maximum correspondait donc à une vitesse comprise entre 34 et 60 tours par minute et était notablement supérieur à 1 kilogrammètre.

Nous reviendrons sur ce sujet, dans la troisième partie, à propos du travail maximum et des moyens électriques de le déterminer, et, dans la quatrième partie, à propos des applications.

40. — *Échauffement des machines.* — Les machines électriques s'échauffent toutes et toujours quand elles fonctionnent.

Cet échauffement est nuisible; mais il est absolument inévitable. De même qu'on ne peut pas faire une machine sans frottement, de même on ne peut pas réaliser une machine à courants électriques, dont les conducteurs ne s'échauffent pas.

On sait aujourd'hui que les frottements des pièces mécaniques sont des transformations de mouvement en chaleur, à raison desquelles une partie du mouvement est perdue en tant que mouvement proprement dit. C'est dans ce fait que réside l'impossibilité du mouvement perpétuel; le mouvement ne se conserve pas indéfiniment, parce qu'à raison de son existence même, se produisent des frottements qu'on appelle communément des résistances passives, mais qui en réalité sont des transformations de l'énergie sous forme de mouvement, en énergie sous forme de chaleur, laquelle est tout aussi active que la première. Cette transformation partielle, se continuant toujours, finit par être totale et le mouvement aboutit au repos.

Ainsi, dans la mécanique pure, nous rencontrons l'impossibilité d'un transport intégral de la force ou du mouvement mécanique, ou, en d'autres termes, l'impossibilité d'une transformation intégrale du mouvement en mouvement.

Dans la physique, on ne doit pas s'étonner de voir l'impossibilité de transformations intégrales d'une forme en une autre de l'énergie. Les machines magnéto-électriques, qui nous occupent ici, présentent donc une transformation incomplète du mouvement en électricité; une autre partie se retrouve en chaleur. Il paraît certain que tout le mouvement se retrouve, d'une manière équivalente, en électricité et en chaleur, car aucune autre transformation ne paraît possible.

L'analogie du frottement dans les transformations mécaniques pures et de l'échauffement des conducteurs dans la transformation physique qui nous occupe, est complète, puisque, dans l'un et l'autre cas, la transformation recherchée est incomplète et la différence se retrouve en chaleur.

On ne peut pas songer à supprimer complètement l'échauffement des conducteurs et des machines dans lesquelles ils entrent; mais on peut chercher les moyens de le réduire au minimum, et pour cela il faut étudier le phénomène avec attention.

Tout courant qui parcourt un circuit l'échauffe.

M. Joule a donné les lois de la production de cette chaleur et de son partage entre les différentes parties du circuit.

Sans traiter cette question à fond, nous pouvons la passer sommairement en revue.

Deux parties identiques du circuit s'échauffent également; d'où il résulte d'abord que l'échauffement est proportionnel à la longueur pour des conducteurs de même nature et de même section.

Deux parties du circuit, non identiques, mais d'égale résistance, s'échauffent également; d'où il résulte que l'échauffement d'un fil est proportionnel à la résistance spécifique de la matière qui le forme et en raison inverse de la section.

Considérons encore un cas particulièrement simple, celui où le courant ne produit aucune autre action que l'échauffement du conducteur. Ce cas répond, dans la mécanique, à celui d'une machine dont tout le travail moteur est absorbé par les résistances dites passives; par exemple, d'une machine sur laquelle on a monté un frein de Prony. Dans ces conditions, la quantité de la chaleur totale développée dans le circuit entier représente exactement le travail producteur du courant, et le travail que le courant pourrait accomplir si aucun échauffement ne se produisait dans les conducteurs.

Considérant le circuit entier, la quantité de chaleur produite dans chacune de ses parties est proportionnelle à sa résistance; ou, pour mieux dire, le partage de la chaleur entre les différentes parties du circuit se fait au prorata de leurs résistances particulières, de manière que ces quantités de chaleur partielles forment le total de chaleur dont nous avons parlé, comme aussi les résistances des différentes parties forment un total qui est la résistance totale du circuit.

Tels sont les principes qui devront servir de guide; nous allons voir quelles conclusions on en peut tirer dans la pratique.

Mais, d'abord, il importe d'expliquer que l'échauffement des conducteurs est nuisible en pratique, pour trois raisons : non seulement il se fait aux dépens du mouvement qui est le point de départ de la transformation et représente une perte, comme nous venons de le dire ; mais encore cet échauffement augmente la résistance spécifique du cuivre et diminue par suite le débit d'électricité ; et, enfin, il diminue la capacité magnétique des pièces de fer qui composent les électro-aimants.

Si donc il était possible de refroidir les conducteurs, soit au moyen d'un courant d'eau froide, soit en exposant les machines au froid, soit de toute autre façon, on ferait une chose utile, puisqu'on maintiendrait plus grande la conductibilité des fils.

M. Wilde a, le premier, employé cet artifice ; il refroidissait ses machines au moyen d'une circulation d'eau. C'était là une chose logique, bonne en soi, mais à laquelle on a renoncé dans la pratique à cause de l'embarras qu'elle donne. On a essayé de refroidir par le mouvement de l'air ; on n'a obtenu que des résultats insignifiants et trop chèrement achetés ; mais le courant d'air produit par l'éventail du commutateur n'est pas sans produire un effet utile dans certaines machines, et avec le modèle, *fig.* 10, on observe que l'électro-aimant de droite est toujours moins chaud que l'autre.

Il faut placer les machines de préférence dans des endroits froids, autant que possible loin des chaudières des machines à vapeur qui les commandent.

Enfin, chaque fois qu'on pourra arrêter la machine, ne fût-ce que cinq minutes, elle se refroidira très notablement et aura retrouvé, quand on la remettra en route, une partie de la capacité que l'échauffement lui avait fait perdre. Dans les usines qui travaillent toute la nuit, on coupe généralement le travail d'un ou plusieurs intervalles de repos donnés aux ouvriers ; on peut profiter de ces temps d'arrêt pour faire reposer également les machines qui servent à l'éclairage, non pas toutes à la fois, bien entendu, mais les unes après les autres, moitié par moitié par exemple.

Ce sont là les seuls moyens, croyons-nous, dont les praticiens puissent disposer dans l'emploi des machines magnéto-électriques; mais ce n'est pas là tout ce qu'on peut faire, si on étudie le problème tout entier et notamment si on envisage la construction de la machine et le choix des appareils sur lesquels on la fait agir.

Nous avons vu que la chaleur se partage entre les différentes parties du circuit d'un courant, en proportion de leurs résistances respectives. La chaleur développée dans la machine étant perdue et même nuisible, il y a intérêt à la diminuer et,.par suite, une machine aura, toutes choses égales d'ailleurs, le meilleur rendement quand elle aura la moindre résistance intérieure, ou en d'autres termes, quand on fera entrer la moindre quantité possible de fil de cuivre dans sa construction. Ainsi donc ce n'est pas seulement au point de vue du prix de premier établissement, qu'il y a intérêt à combiner des appareils des moindres volumes et poids possibles; c'est encore au point de vue du rendement.

Il va sans dire que les conducteurs établis entre la machine productrice et les appareils récepteurs du courant doivent être aussi courts que possible, d'une résistance spécifique et d'un diamètre aussi grands que possible. Le choix du cuivre le plus pur s'impose de plus en plus dans toutes les applications de l'électricité. Ici, c'est à cause du moindre échauffement que le bon cuivre est désirable.

Enfin la résistance électrique des appareils dans lesquels le courant agit a une fort grande importance. Si elle est très faible, l'échauffement de la machine est considérable; si elle est grande, la machine s'échauffe beaucoup moins.

41. — *Couplement de plusieurs machines*. — Les machines magnéto-électriques peuvent être considérées comme des éléments de pile et être associées en quantité ou en tension, suivant l'expression reçue.

On peut associer en tension des machines dissemblables

ou d'inégale vitesse; mais on ne peut pas les associer en quantité, sans un artifice. Il suffit d'accoupler eu quantité, par la pensée, deux éléments d'inégale force électro-motrice pour voir que l'addition du plus faible n'est que nuisible; on voit en effet que le courant du plus fort passe en partie dans le plus faible, qui par conséquent ne produit aucun effet utile et détourne une partie de l'action du premier élément. Il en est de même pour les machines magnéto-électriques, qui ne peuvent pas être avantageusement associées en quantité si elles n'ont pas exactement la même vitesse et la même force électro-motrice.

Si on cherche à associer des machines dynamo-électriques en quantité, on rencontre des difficultés singulières qu'on comprendra après le petit préambule ci-dessus.

Jamais deux machines dynamo-électriques ne peuvent être assez identiques pour qu'elles aient la même force électro-motrice à la même vitesse; si donc on les associe en quantité, la plus forte, fait passer un courant dans la plus faible, comme nous l'avons expliqué plus haut.

Mais ici le résultat est beaucoup plus grave : en effet, la machine faible se trouve avoir ses électro-aimants affaiblis par le passage du courant de l'autre et la différence des deux machines s'augmente par leur association. La conséquence extrême de cette combinaison est que la machine la plus faible absorbe une notable partie du courant de la plus forte, sans rien donner elle-même.

Il n'est pas impossible cependant d'associer en quantité deux ou plusieurs machines dynamo-électriques ; mais il faut employer l'artifice suivant. Il faut accoupler les deux anneaux en quantité, comme si les électro-aimants fixes n'existaient pas, et ensuite mettre dans le circuit de cet anneau double les électro-aimants des deux machines. On a ainsi une intensité identique dans tous les fils inducteurs des électro-aimants fixes et par suite des champs magnétiques d'intensités sensiblement égales : dès lors les deux anneaux peuvent être associés sans inconvénient. On pourra remarquer que la somme des résistances de tous les électro-ai-

mants serait trop grande et affaiblirait trop le courant si on
la mettait dans le circuit; on a la ressource de disposer ces
électro-aimants en dérivation, de manière à réduire la résistance pour deux machines au quart, et au seizième.

Nous avons parlé plus haut des machines excitées en dérivation; on peut ici aussi dériver le courant produit par les
trois anneaux en quantité, d'une part dans les électro-aimants, d'autre part dans le circuit proprement dit.

C'est cette disposition que M. Gravier a adoptée dans
son installation de Zawiercie (Pologne).

Quant à l'association des machines en tension, elle ne
présente aucune difficulté; on peut réunir des machines
dynamo-électriques en un circuit simple sans artifice ni
changement aucun; elles réagissent un peu les unes sur
les autres; le circuit étant unique, l'intensité est uniforme,
et les champs magnétiques se rapprochent d'une intensité
identique.

TROISIÈME PARTIE

TRAVAIL MAXIMUM

RENDEMENT — EFFET UTILE

1. — Nous avons dit plus haut et montré par des expériences que le travail maximum accompli par une machine Gramme et fourni par une pile, répondait à une certaine vitesse parmi d'autres que nous avons observées.

Cette question et celles qui s'y rattachent sont parmi les plus intéressantes que soulève l'étude des machines électriques.

Pour les étudier, nous sommes obligés de remonter plus haut que le sujet particulier de cet ouvrage. Nous examinerons d'abord le travail fourni par une pile et ensuite nous passerons au travail fourni et consommé par les machines.

2. — *Travail accompli par une pile dans un circuit.* — On dit souvent en termes généraux que la meilleure résistance à donner au circuit interpolaire est celle égale à la résistance de la source. Cette formule vague est inexacte ; l'intensité du courant fourni par une pile va en croissant quand on diminue la résistance du circuit interpolaire et n'atteint un maximum que quand cette résistance est réduite à rien.

Nous nous proposons de montrer comment doit être formulée, pour être exacte, l'assertion vague que nous avons reproduite.

3. — *Définitions*. — Pour nous faire comprendre, nous devons établir une distinction entre le *travail total* Tt, accompli par un courant dans le circuit tout entier, qui est le même que le *travail dépensé*, et le *travail utile* Tu ou utilisable, qui est accompli dans le circuit interpolaire ou dans une portion de ce circuit.

Dans la première partie des raisonnements qui vont suivre, nous considérons comme *travail utile* le travail accompli dans la totalité du circuit interpolaire. Dans cette manière de raisonner, on peut appeler *travail perdu* celui accompli dans la pile; nous verrons qu'en réalité ce n'est là qu'une partie du travail perdu.

Le *coefficient économique* est la valeur du *rendement;* c'est le rapport du travail utile au travail dépensé ou travail total. Il est clair que le rendement serait intégral ou en d'autres termes le coefficient économique maximum si le rapport était égal à l'unité ; c'est-à-dire si le travail utile était égal au travail total dépensé.

Ces préliminaires posés et ces définitions données, on voit tout d'abord que, pour une pile donnée :

1° Le *travail utile* est *nul* si le circuit interpolaire a une résistance nulle, puisqu'il n'existe pas ;

2° Le *travail utile* va en décroissant quand la résistance du circuit est grande et croissante ; il devient *nul* à la limite quand la résistance du circuit devient infinie ; auquel cas l'intensité est nulle.

Entre ces deux limites, il est naturel de se demander à quelle résistance du circuit interpolaire correspond le travail utile maximum. Telle est la question que nous allons étudier.

Le travail total accompli par un courant dans un circuit est égal à la somme de :

1° La chaleur dégagée dans le circuit tout entier ;

2° Le *travail accompli* par le courant, c'est-à-dire la somme des travaux électro-magnétiques, électro-dynamiques ou électro-chimiques fait par ce courant.

On peut considérer d'abord le cas où le *travail accompli*

est nul et où il n'y a d'autre travail que celui calorifique ou d'échauffement du circuit.

4. — *Travail maximum calorifique d'une pile donnée dans un circuit variable.* — On admet que la chaleur est une forme de mouvement, que la production de la chaleur est équivalente à une production de travail; par conséquent il est absolument légitime d'assimiler la chaleur dégagée à un travail développé.

Or les travaux de M. Joule donnent la mesure de la chaleur dégagée dans une partie et la totalité du circuit; et en se plaçant au point de vue de l'équivalence de la chaleur et du travail, on peut formuler les lois de Joule comme suit :

Le travail total est égal au carré de la force électro-motrice divisé par la résistance totale du circuit, ce qu'on peut écrire :

$$T t = \frac{E^2}{\rho + R}.$$

E étant la force électro-motrice de la source ;
ρ — la résistance propre —
R — — du circuit interpolaire.

Le travail utile est une fraction du travail total égale au rapport de la résistance du circuit interpolaire à celle du circuit total.

$$T u = \frac{E^2}{\rho + R} \times \frac{R}{\rho + R} = E^2 \frac{R}{(\rho + R)^2}.$$

On peut démontrer par l'algèbre élémentaire [1] que $T u$ est maximum quand $\rho = R$.

---

1. Voici, pour les personnes qui ont désappris l'algèbre élémentaire, la démonstration :

On veut savoir quel est le maximum de $\frac{R}{(\rho+R)^2}$.

Posons : $\frac{R}{(\rho+R)^2} = \frac{1}{2m}$,

Il est donc établi que, la source restant la même et le circuit variant seul, le *travail* utile accompli par le courant est *maximum* dans le cas où *la résistance du circuit extérieur est égale à celle de la source*. Mais cette démonstration n'est faite et ce théorème n'est vrai que pour le cas où tout le travail produit est calorifique.

La série des raisonnements que nous venons de faire a été présentée sous une forme peu différente par M. Preece (*Philosophical Magazine*, janv. 1879).

5. — Le théorème relatif au maximum peut encore être présenté sous deux autres formes, qu'il importe de signaler parce qu'elles ont une plus grande généralité et s'appliquent à des cas que nous examinerons plus loin.

Soit I l'intensité du courant produit par la pile travaillant sur elle-même et avec un circuit extérieur nul ; on a :

$$I = \frac{E}{\rho}.$$

Soit i l'intensité du courant quand la résistance du circuit extérieur égale celle de la source ;

on a :
$$i = \frac{E}{2\,\rho},$$

le maximum cherché correspond au minimum de m.

On a :
$$2\,m\,R = (\rho + R)^2 = \rho^2 + 2\,\rho\,R + R^2,$$

ou :
$$R^2 + R + 2\,(\rho - m) + \rho^2 = 0,$$

d'où :
$$R = m - \rho \pm \sqrt{(m - R)^2 - \rho^2}$$
$$= m - \rho \pm \sqrt{m^2 - 2\,m\,\rho}$$
$$= m - \rho \pm \sqrt{m^2\,(m - 2\,\rho)}.$$

R serait imaginaire pour toute valeur de m inférieure à $2\,\rho$; donc le minimum de m est égal à $2\,\rho$.

Donc le maximum de :
$$\frac{R}{(\rho + R)^2} = \frac{1}{4\,\rho},$$
$$4\,\rho\,R = \rho^2 + R^2 + 2\,\rho\,R,$$
$$0 = \rho^2 + R^2 - 2\,\rho\,R,$$
$$(\rho - R)^2 = 0,$$

d'où :
$$\rho = R.$$

et par suite : $\qquad i = \dfrac{I}{2}$.

Ainsi le travail du courant est maximum quand *l'intensité du courant est réduite à moitié de son maximum.*

Considérons la *fig.* 16 dans laquelle :

AB représente ρ résistance de la pile ;
BC — R — extérieure ;
AD la force électro-motrice de la pile = E ;·
DC la courbe des potentiels,

et BK par conséquent le potentiel au pôle positif de la pile.

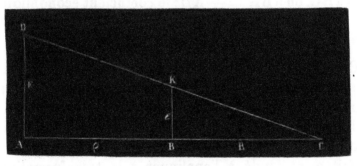

Fig. 16.

On voit que pour AB = BC,

on a : $\qquad \mathrm{BK} = \dfrac{1}{2}\,\mathrm{A\,D}.$

On peut donc dire que le travail est maximum quand la *force électro-motrice de la pile est réduite à moitié.*

6. — *Coefficient économique.* — Ceci nous amène à donner une formule générale relative au coefficient économique ou mesure du rendement :

$$\frac{T\,u}{T\,t} = \frac{\dfrac{E^2 R}{(\rho + R)^2}}{\dfrac{E^2}{\rho + R}} = \frac{R}{\rho + R}.$$

C'est-à-dire, en langage ordinaire, que le *coefficient éco-nomique est égal au rapport de la résistance interpolaire à la résistance totale du circuit.*

Si nous nous reportons à la *fig.* 16, nous voyons que :

$$\frac{R}{\rho + R} = \frac{Tu}{Tt} = \frac{BC}{AC} = \frac{BK}{AD},$$

ce qui montre que :

Le coefficient économique est égal au rapport du potentiel réduit au potentiel de la pile ouverte.

Dans le cas du travail maximum on voit que, A B étant égal à B C, on a $BK = \frac{1}{2} AD$; le coefficient économique est égal à $\frac{1}{2}$.

C'est dans la théorie mécanique de la chaleur que le terme *coefficient économique* a pris naissance ; et il s'appli-quait originairement à la conversion de la chaleur en tra-vail ; mais toute transformation a son rendement repré-senté par un coefficient économique, et nous croyons être parfaitement fondé à l'appliquer à la transformation de l'électricité en chaleur, comme d'autres l'ont appliqué à la transformation de l'électricité en mouvement.

7. — *Travail maximum calorifique d'une pile variable dans un circuit donné.* — On peut poser une autre question ; on peut supposer le circuit extérieur invariable et la pile variable dans sa disposition. Si par exemple elle est composée de *n* éléments, on peut chercher quel est l'arrangement de *p* séries en tension, de chacune $\frac{n}{p}$ éléments en quantité, qui produit le travail maximum.

Ce problème est le seul qui, à notre connaissance, ait été traité dans les livres ; ce n'est cependant pas le plus inté-ressant.

La formule de Joule peut s'écrire $Tt = I^2 (\rho + R)$ et on en tire $Tu = RI^2$, d'où on peut conclure que le travail utile maximum répond à l'intensité maxima. Le problème est donc ramené à trouver la valeur maxima de I, ce à quoi on arrive en raisonnant comme suit :

Soit E la force électro-motrice de chacun des *n* éléments ;

r la résistance   —   —   —

Chaque groupe de *p* éléments en quantité aura une résistance $\dfrac{r}{p}$.

et la *résistance de la pile entière* composée de $\dfrac{n}{p}$ groupes semblables sera égale à $\dfrac{n}{p}\dfrac{r}{p} = \dfrac{nr}{p^2}$.

La force électro-motrice de la pile entière sera $\dfrac{n}{p}$ E et l'intensité du courant :

$$\frac{\dfrac{n}{p}\,E}{\dfrac{n}{p}\dfrac{r}{p} + R} = \frac{n\,p\,E}{nr + p^2 R}. \qquad (2)$$

Le maximum de cette expression 2 s'obtient par l'algèbre élémentaire.

Posons :
$$y = \frac{n\,p\,E}{n\,r + p^2\,R},$$

$$p^2\,(R\,y) - p\,n\,E + n\,r\,y = 0,$$

$$p = \frac{1}{2\,R\,y}\left[n\,E \pm \sqrt{n^2 E^2 - 4\,n\,r\,R\,y^2}\right].$$

$$p^2 - p\,\frac{n\,E}{R\,y} + \frac{n\,r}{R} = 0,$$

$$p = \frac{1}{2\,R\,y}\left[n\,E \pm \sqrt{n^2\,E^2 - 4\,n\,r\,R\,y^2}\right].$$

Le maximum de *y* a lieu quand le radical est nul, auquel cas:

$$y^2 = \frac{E^2}{4}\,\frac{n}{R\,r},$$

et :
$$y = \frac{E}{2} \sqrt{\frac{n}{R r}},$$

d'où l'on tire :
$$p = \sqrt{\frac{n r}{R}} \qquad \text{ou :} \qquad R = \frac{n r}{p^2},$$

c'est-à-dire que la résistance de la pile entière $\frac{n r}{p^2}$ est égale à celle du circuit interpolaire.

Il est donc démontré que l'intensité du courant est maxima, quand, sans changer l'étendue des surfaces actives de la pile, on la dispose de telle manière que sa résistance soit égale à celle du circuit extérieur, dans les conditions que nous avons dites.

Nous dirons en passant que cette vérité est d'une application assez rare ; dans la plupart des cas, il n'est pas possible de faire les associations d'éléments indiquées par cette règle.

8. — *Conditions d'application de la règle des résistances égales.* — L'examen de ces deux cas (résistance du circuit extérieur, résistance de la source, prises l'une après l'autre pour variable) nous montre que le travail calorifique accompli dans le circuit interpolaire est maximum quand les résistances intérieure et extérieure sont égales, pour le cas du moins où il n'y a pas d'autre travail accompli que la production de la chaleur.

C'est là ce que nous appelons *la règle des résistances égales.* Nous établirons plus loin que ce théorème cesse d'être vrai au cas où un travail électro-magnétique, électro-dynamique ou électro-chimique est accompli.

Dans les deux cas, le *travail est maximum* quand le potentiel de la pile ouverte est *réduit à moitié* par l'addition du circuit interpolaire.

Dans les deux cas, le *travail est maximum* quand l'intensité du courant est moitié de ce qu'elle serait si le circuit interpolaire était réduit à rien.

Ces trois règles ou théorèmes ne sont qu'une seule et même vérité exprimée de trois manières différentes.

Mais on verra par la suite que les deux dernières formes sont applicables d'une manière plus générale ; il y aura donc lieu de les préférer.

9. — *Conditions favorables en dehors du maximum.* — Étant donné qu'il n'est pas toujours possible de se placer dans les conditions du travail maximum, il faut remarquer que si on diminue la résistance du circuit interpolaire au-dessous de la valeur qui correspond à ce maximum, on se place dans des conditions très défavorables. En effet, le rendement diminue et le travail dépensé augmente.

Au contraire, si la résistance du circuit R croît au-dessus de cette même valeur, les conditions sont beaucoup plus favorables, car le rendement va croissant et le travail dépensé va croissant.

On a vu, en effet, par ce qui précède, que le rendement

$$\frac{R}{\rho + R}$$ est nul quand R est nul, qu'il est intégral quand R est infini et qu'il croît régulièrement entre ces deux limites.

D'autre part, le travail dépensé $T\,t = \dfrac{R}{\rho + R}$ est maximum quand R est nul et décroît jusqu'à zéro quand B croît indéfiniment.

La *fig.* 16 fait toucher du doigt l'exactitude de ces assertions.

Le rapport $\dfrac{BK}{AD} = \dfrac{R}{\rho + R}$ est le coefficient économique, et si on prend A D pour unité, BK représente le rendement.

On voit clairement, comme nous venons de le dire, que le rendement est nul quand R = zéro ; croissant avec R ; égal à $\dfrac{1}{2}$ quand R = ρ ; maximum et égal à l'unité quand R = ∞.

10. — Il est intéressant de représenter par des courbes (*fig.* 17) toutes les particularités de ces variations.

Travail total $T\,t = \dfrac{E^2}{\rho + R}$; c'est l'équation d'une hyperbole équilatère dont les asymptotes sont l'axe des X et un axe des Y secondaire Y' O' Y" tel que O O' $= \rho$.

Travail utile $Tu = \dfrac{E^2 R}{\rho + R}$; c'est l'équation d'une courbe

Fig. 17.

du troisième degré qui passe par l'origine, est asymptotique à l'axe des X et asymptotique à la ligne O' Y".

Intensité $I = \dfrac{E}{\rho + R}$; c'est l'équation d'une hyperbole équilatère dont les axes sont les mêmes que ceux de la première.

Rendement coefficient économique $= \dfrac{R}{\rho + R}$; c'est l'équation d'une hyperbole équilatère qui passe par l'origine et dont les asymptotes sont un axe parallèle à l'axe des X tel que $O' O'' = 1$ et l'axe $O'Y''$ dont il a été déjà question plus haut.

L'examen de la figure montre que : quand $R = \rho$, le travail utile $A S$ est moitié du travail total $A S'$, le rendement $A m$ est égal à $\dfrac{1}{2}$, l'intensité $A i$ est moitié moindre qu'elle n'est pour $R = 0$.

Cette figure montre que : quand R tend vers l'infini, le travail total et le travail utile, toujours moindre, tendent vers zéro ; l'intensité tend également vers zéro ; et le rendement tend vers son maximum qui est l'unité.

On y voit que : pou $R = \rho$, c'est-à-dire au cas où le circuit interpolaire a cessé d'exister et où la résistance de la pile est devenue nulle, l'intensité est infinie, le travail total infini ; ces deux points sont rigoureusement exacts et sont intéressants à trouver dans la discussion des formules, quoiqu'ils ne se rattachent au sujet que d'une manière un peu forcée. Le travail utile et le rendement tendent vers l'infini négatif ; ces deux points n'ont pas de signification physique.

On y retrouve que : pour $R = 0$ le travail utile et le rendement sont nuls aussi ; le travail total et l'intensité atteignent leurs maxima physiques. Ces deux dernières quantités croissent encore pour des valeurs négatives de R, mais cette partie des courbes est sans relation avec le problème qui nous occupe.

Enfin, et c'est à cela surtout que la figure est utile, elle fait apercevoir clairement qu'à droite du travail maximum est la région favorable dans laquelle le rendement augmente, l'intensité et le travail total diminuent ; tandis qu'à gauche du même point est la région défavorable, dans laquelle le rendement diminue, en même temps que l'intensité et le travail total augmentent. C'est ici la confirmation ou, si on veut, l'illustration de la règle pratique que nous avons donnée au paragraphe précédent.

11. — *Conducteur extérieur*. — Si le circuit extérieur se compose, comme c'est généralement le cas, d'un conducteur proprement dit et d'un appareil récepteur, le travail utile est celui accompli dans cet appareil; dès lors le *maximum du travail utile* correspond au cas où *la résistance du récepteur* sera *égale à la somme des résistances de la source et du conducteur*.

C'est là proprement le cas de la pratique; nous allons en avoir un exemple au paragraphe suivant.

12. — *Application à l'éclairage par incandescence*. — Dans l'éclairage par incandescence, on n'a dans le circuit qu'un travail calorifique et par conséquent ce que nous avons dit s'applique exactement.

La condition du travail maximum sera remplie quand la résistance des lampes sera égale à la somme des résistances de la source et des conducteurs. Et si on s'écarte de cette condition, il vaut mieux, comme nous l'avons dit, que la résistance des lampes soit plus grande que l'autre élément.

M. Preece a traité cette question d'une manière fort élégante [1]. Il établit d'abord, comme nous l'avons fait, que pour n lampes à incandescence d'une résistance égale à l pour chacune, la chaleur maxima sera obtenue dans les lampes quand on aura $\rho\, r = nl$, ρ étant la résistance intérieure et r celle du conducteur. Il examine le cas où les n lampes sont disposées en dérivation; la résistance de l'ensemble est $\dfrac{l}{n}$ et la condition de chaleur maxima est $\dfrac{l}{n} = \rho + r$.

M. Preece montre ensuite que dans le cas des lampes en série la formule du travail ou de la chaleur totale :

$$T = \frac{E^2 n l}{(\rho + r + n l)^2},$$

1. *Philosophical Magazine*, January 1879.

peut être simplifiée; si on suppose $\rho + r$ très petit et négligeable par rapport à nl, elle devient :

$$T = \frac{E^2 nl}{(nl)^2} = \frac{E^2}{nl},$$

ce qui veut dire que *la chaleur totale développée dans le circuit est en raison inverse du nombre des lampes.*

Si les lampes sont en dérivation, la formule du travail est:

$$T = \frac{E^2 \dfrac{l}{n}}{\left(\rho + r + \dfrac{l}{n}\right)^2},$$

Si $\dfrac{l}{n}$ est négligeable par rapport à $\rho + r$, l'équation devient :

$$T = \frac{E^2 \dfrac{l}{n}}{(\rho + r)^2} = \frac{E^2 l}{n (\rho + r)^2},$$

c'est-à-dire qu'ici encore *la chaleur totale développée dans le circuit est en raison inverse du nombre des lampes.*

Dans l'un et l'autre cas, la chaleur est distribuée dans n lampes, et par conséquent la chaleur développée dans chacune des n lampes est $\dfrac{1}{n^2}$ de la chaleur développée dans tout le circuit. On peut donc dire que *les lampes étant mises en série ou en dérivation, la chaleur dégagée dans chacune varie à l'inverse du carré de leur nombre.*

Les règles que nous venons de donner ne sont exactes que dans le cas où les lampes sont en grand nombre; elles montrent cependant combien on s'est trompé, quand on a cru trouver dans l'incandescence le moyen de diviser la lumière presque à l'infini.

Il faut d'ailleurs observer que la lumière n'est pas du tout proportionnelle à la chaleur dégagée dans la lampe; on sait d'abord qu'au-dessous d'une certaine température un corps chaud n'est pas lumineux; d'autre part, il résulte des travaux de M. Becquerel (Edmond) que l'intensité lumineuse croît avec une excessive rapidité avec la température quand la température atteint un degré assez élevé.

13. — *Effet utile*. — Nous avons supposé dans ce qui précède que la transformation en chaleur de l'énergie chimique mise en œuvre dans la pile est intégrale.

Cela revient à dire que la pile considérée comme machine et dépensant de l'énergie chimique produisant de la chaleur est une machine parfaite et que l'effet utile est de 100 pour 100.

Dans la pratique, il y a une perte qui tient à l'imperfection de l'isolement des éléments de la pile et à d'autres causes encore, que nous avons eu occasion de reconnaître; mais ces pertes peuvent être fort petites si on prend soin de la pile.

14. — *La source est une machine magnéto-électrique*. — Tous les raisonnements précédents sont applicables au cas où l'on substitue à la pile une machine magnéto-électrique à courants continus.

Les deux problèmes que nous avons traités se présentent encore ici :

1° La machine est donnée, et le circuit extérieur est variable. C'est le cas des applications ordinaires ; on a une machine et on cherche à en tirer le meilleur parti possible ;

2° Le circuit extérieur est donné, et la machine varie dans l'association de ses éléments. C'est le problème de construire une machine la plus appropriée possible à une application déterminée.

On peut, étant donné un squelette de machine, le charger de fil plus gros ou plus fin ; le poids total du cuivre variera peu ou point ; mais, avec le premier, les spires seront en moindre nombre, avec le second en plus grand nombre ; — par conséquent la résistance de la machine diminue ou augmente, et en même temps sa force électro-motrice varie en sens inverse. On le voit, tout se passe ici comme dans le cas où les éléments d'une pile sont groupés par séries en tension, associées en quantité.

15. — *Le récepteur est une machine électrique.* — Ce cas est fort important ; c'est celui des moteurs électro-magnétiques commandés par des piles. Il nous conduira d'ailleurs à l'étude, qui est le but principal de cette partie du présent ouvrage, de l'association de deux machines magnéto-électriques, l'une commandant, l'autre commandée.

Quand une machine (magnéto ou dynamo-électrique) est employée comme récepteur, elle devient un moteur électro-magnétique ou électro-dynamique.

Nous avons dit plus haut qu'un galvanomètre intercalé dans le conducteur (entre la source et le récepteur) montre une intensité I quand le récepteur est maintenu immobile, et une intensité i moindre que I quand le récepteur tourne.

Soit E la force électro-motrice de la source,

R la résistance totale du circuit,

on a $E = IR$ lorsque le récepteur est arrêté.

Quand il tourne, on a $i < I$ et $iR < IR$, et on peut écrire $iR = E - e$.

C'est ainsi que nous arrivons à la notion de la force électro-motrice d'induction e, force inverse ou de réaction développée dans la machine électrique ou le récepteur, quel qu'il soit.

16. — On voit tout d'abord que la force électro-motrice d'induction ou de réaction e du récepteur ne peut jamais dépasser celle E de la source qui est la cause du mouvement. L'égalité de ces deux quantités n'est qu'un cas limite sans existence réelle.

Reprenant l'étude du travail utile, nous voyons en premier lieu deux cas extrêmes dans lesquels la vérité apparaît sans aucun raisonnement mathématique. Si le récepteur est maintenu immobile, la vitesse est nulle et le travail utile est nul. Si, d'autre part, le récepteur a sa vitesse maxima, si sa force électro-motrice est égale à celle de la source, le travail utile est encore nul. Il est évident qu'entre ces deux limites il y a une vitesse moyenne pour laquelle le travail utile accompli est maximum, et nous sommes ainsi ramenés à la recherche de ce maximum.

17. — Il est intéressant de rappeler que le même raisonnement se fait dans l'étude de la mécanique. Si on considère une roue hydraulique mise en mouvement par un courant d'eau, on comprend de suite que le travail qu'elle peut fournir dépend de sa vitesse.

Il est clair que la pression exercée par le courant d'eau sur les aubes est d'autant moindre que leur vitesse se rapproche davantage d'être égale à celle du courant, et s'il était possible que la roue prît cette vitesse théorique maxima, le travail fourni par la roue serait nul.

Si, d'autre part, la roue est arrêtée, sa vitesse est nulle et par conséquent minima, et dans ce cas encore le travail que fournit la roue est nul.

Dès lors on est amené à rechercher pour quelle vitesse intermédiaire de la roue le travail qu'elle fournit est maximum. Ce problème est malheureusement fort difficile et la règle suivante n'est vraie qu'en gros : *Le travail est maximum quand la vitesse des aubes, est moitié de celle du courant.*

Nous avons déjà vu que dans l'ordre des phénomènes électriques la solution est plus abordable et peut être donnée par des considérations élémentaires.

18. — Nous allons reprendre l'examen que nous venons de faire sommairement, en l'appuyant de quelques formules algébriques.

La quantité d'électricité qui parcourt un circuit se mesure par la quantité de matière décomposée dans un des couples de la pile ou dans un appareil servant à l'électrolyse. Cette égalité a été démontrée par Faraday, et l'a conduit à appeler *voltamètre* l'appareil aujourd'hui si connu sous ce nom.

D'autre part, ce que nous appelons, en France, *l'intensité du courant*, et ce qu'on appelle, en Angleterre, *le courant*, est la quantité d'électricité qui traverse dans l'unité de temps une section du circuit.

Le travail calorifique, dépensé dans chaque élément de pile par l'action chimique qui s'y accomplit, est proportionnel à la quantité de matière décomposée; cela est par conséquent vrai aussi pour le travail calorifique produit dans la pile entière.

Si on appelle T_1 le travail calorifique accompli dans la pile, quand l'intensité est égale à l'unité, le travail sera égal à $T_1 i$ pour une intensité égale à i; c'est-à-dire que le travail calorifique total de la pile :

$$T t = T_1 i. \qquad (1)$$

D'autre part, la loi de Joule nous donne pour le travail calorifique accompli dans le circuit entier :

$$T t = i^2 R = i E. \qquad (2)$$

En égalant les deux valeurs du travail calorifique, on a :

$$T_1 i = i E,$$

d'où : $$T_1 = E. \qquad (3)$$

C'est-à-dire que la force e. m. de la source est égale au travail calorifique T_1 tel que nous l'avons défini.

19. — Si, maintenant il se produit dans le circuit un travail électro-magnétique ou autre, et non pas seulement le travail calorifique [1]; si, par exemple, une machine électrique, placée dans le circuit, fonctionne et accomplit un travail qui devient le *travail utile* $T u$, on aura :

$$T_1 i = i^2 R + T u,$$

---

1. Nous suivons ici pas à pas l'exposé de la question par M. Mascart (*Journal de d'Almeida*, 1877, page 204).

d'où on peut tirer :

$$i\,\mathrm{R} = \mathrm{T}_1 - \frac{\mathrm{T}u}{i} = \mathrm{E} - \frac{\mathrm{T}u}{i};$$

or :
$$\mathrm{E} = \mathrm{I}\,\mathrm{R},$$

I étant l'intensité du courant quand le moteur est maintenu immobile et n'accomplit aucun travail.

Donc :
$$i\,\mathrm{R} < \mathrm{I}\,\mathrm{R},$$

c'est-à-dire que l'intensité du courant a diminué.

Cette diminution indique qu'il s'est développé dans le circuit une force électro-motrice inverse qui a pour valeur :

$$\frac{\mathrm{T}u}{i}.$$

Nous retrouvons ici la force e. m. d'induction que l'examen matériel des faits nous avait déjà révélée. Appelons-la e.

Nous voyons que $e = \dfrac{\mathrm{T}u}{i}$, c'est-à-dire que la force électromotrice d'induction est égale au quotient du travail utile, pendant l'unité de temps, par la quantité d'électricité qui traverse le circuit dans l'unité de temps.

20. — On peut encore écrire $\mathrm{T}u = ei$, qui exprime que le travail utile accompli par un moteur électrique est égal à la force e. m. de réaction du moteur multipliée par l'intensité du courant. On a ainsi un moyen électrique de mesurer un travail mécanique.

21. — Le coefficient économique de ce système mécanique est égal au rapport du travail utile $\mathrm{T}u$ au travail total $\mathrm{T}t$ dépensé dans la pile.

Nous avons trouvé au paragraphe 18 que le travail total de la pile pendant l'unité de temps était :

$$\mathrm{T}t = \mathrm{T}_1 i = \mathrm{E}i.$$

On peut donc écrire le coefficient économique C, valeur **du** rendement :

$$C = \frac{Tu}{T_1 i} = \frac{\frac{Tu}{i}}{T_1} = \frac{e}{E}.$$

On voit donc que *le coefficient économique est égal au rapport de la force e. m. d'induction à la force e. m. de la pile;* on pourrait dire, au rapport de la réaction à l'action.

D'autre part on a :

$$E = I R,$$
$$E - e = i R,$$
$$e = (I - i) R,$$

$$C = \frac{e}{E} = \frac{I - i}{I} = 1 - \frac{i}{I}.$$

Ce qui montre que le rendement peut être déterminé aussi par les intensités.

Le rendement se rapproche de plus en plus d'être intégral et le coefficient économique d'être égal à l'unité, quand la force de réaction croît. Mais il est physiquement impossible, comme nous l'avons déjà dit, que e soit supérieur à E; et leur égalité même est une limite théorique qui suppose réduites à rien toutes les résistances passives. A cette limite, le rendement est intégral; mais alors i est nul et par conséquent le travail nul aussi. Ainsi donc le rendement intégral est un leurre.

22. — Reprenons la recherche du travail utile maximum, dont nous avons déjà aperçu la nécessité, entre les deux cas limites où le travail utile est nul (voir paragraphe 16).

Nous avons : $$Tu = i\,e;$$

or : $$i = \frac{E - e}{R},$$

donc : $$Tu = \frac{(E - e)e}{R}.$$

Cette formule donne immédiatement le maximum du travail; la somme des deux facteurs E — e et e étant constante, leur produit est maximum pour $e = \dfrac{E}{2}$.

Par conséquent *le travail utile est maximum quand la force e. m. de réaction est égale à la moitié de la force e. m. de la pile.*

Dans ce cas, on a :

$$i = \frac{E - \dfrac{E}{2}}{R} = \frac{E}{2R};$$

et comme :
$$I = \frac{E}{R},$$

on a :
$$i = \frac{I}{2}.$$

c'est-à-dire que *le travail utile est maximum quand l'intensité actuelle du courant est moitié de celle du courant qui circulait quand le récepteur était au repos.*

23. — *La source et le récepteur sont des machines magnéto-électriques.* — Les deux forces électro-motrices E et e sont particulièrement intéressantes à considérer si elles sont toutes deux fournies par des machines. Le récepteur (mach. n° 2 commandée) développe en tournant une force e. m. exactement comme la source (mach. n° 1 commandant); mais l'une est positive et l'autre négative, ou en d'autres termes, elles sont en sens inverse l'une de l'autre.

Nous allons retrouver ici presque les mêmes conditions que celles que nous venons d'examiner; nous répéterons jusqu'aux mêmes mots.

Dans ce qui suit, nous raisonnons sur des machines électriques à courant continu, mais nous ne spécifions pas que les machines conjuguées soient identiques; elles peuvent être différentes l'une de l'autre.

Bien plus, ces raisonnements sont applicables à tout système d'une source et d'un récepteur électrique quels qu'ils soient, sauf quelques exceptions. Ainsi on ne peut pas les appliquer quand la source est une machine dynamo-électrique ; mais on le peut quand le récepteur est de cette espèce. Nous reviendrons dans la suite sur ce point important.

Les raisonnements que nous avons faits plus haut relativement au travail maximum et au rendement dans le cas d'une pile et d'un moteur électrique sont encore applicables ici. Les formules soulignées des paragraphes 21 et 22 peuvent s'appliquer immédiatement ici. Cependant, à cause du grand intérêt de la question, nous donnerons ici de nouvelles démonstrations de ces règles.

24. — Rappelons d'abord les notations :

I Intensité du courant quand le récepteur est maintenu au repos ;

i Intensité du courant quand le récepteur est en mouvement.

E Force électro-motrice de la source ;

e Force électro-motrice d'induction, que nous appelons encore force de réaction du récepteur ;

R Résistance totale du circuit ;

r Résistance qu'il faudrait ajouter au circuit R pour que, le récepteur étant maintenu au repos, l'intensité fût égale à i ; c'est un élément nouveau dont la considération est souvent commode. On peut l'appeler *résistance équivalente à la force de réaction* [1].

25. — On peut poser la valeur du travail utile comme nous l'avons donnée au paragraphe 20 :

$$Tu = ei, \text{ d'où : } Tu = \frac{e(E - e)}{R},$$

---

1. Je trouve la résistance équivalente pour la première fois dans une note du *Cours de Physique* de Verdet, édité par M. Fernet, page 422 du 1er vol. Il y est question d'une résistance équivalente à la polarisation d'un bain électrolytique. M. Deprez a fait usage de cet élément en traitant la question même qui nous occupe. Voir *Comptes Rendus de l'Acad. de Sc.*, 15 mars 1880.

expression dont le maximum répond à $e = \dfrac{E}{2}$, résultat que nous avons obtenu précédemment.

On peut également poser la valeur du travail dépensé par la somme du travail total, telle que nous l'avons donnée au nº 18 :

$$T\,t = E\,i,$$

d'où :
$$T\,t = \dfrac{E\,(E - e)}{R},$$

ce qui donne immédiatement le rendement :

$$\dfrac{T u}{T t} = \dfrac{e}{E},$$

qui dans le cas du travail maximum devient $\dfrac{1}{2}$.

Dans le même cas, $i = \dfrac{I}{2}$.

En langage ordinaire, nous avons donc les règles suivantes :

Le rendement du système est égal au rapport des forces électro-motrices des deux machines.

Le travail utile est maximum quand la force électromotrice de réaction est moitié de celle de la source.

Dans ce cas, le rendement est de moitié et l'intensité du courant pendant le travail est moitié de celle du courant qui circule lorsque le récepteur est maintenu au repos.

La dernière de ces trois règles a une utilité pratique fort grande. Si on veut connaître la vitesse du récepteur qui donne le travail maximum, on mesure d'abord I l'intensité qui correspond à la machine arrêtée, c'est-à-dire calée et mise dans l'impossibilité de marcher; on met ensuite le récepteur en liberté de se mouvoir et on cherche pour quelle vitesse l'intensité devient moitié de ce qu'elle était dans le premier cas. Le galvanomètre d'intensité de Marcel Deprez est extrêmement commode pour ces essais.

26. — On peut, en employant les notations du n° **24,** poser :

$$I = \frac{E}{R},$$

$$i = \frac{E - e}{R}, \qquad (1)$$

$$i = \frac{E}{R + r}; \qquad (2)$$

et en égalant ces deux valeurs de i :

$$\frac{E - e}{R} = \frac{E}{R + r},$$

d'où :
$$r = \frac{e R}{E - e}. \qquad (3)$$

Venons maintenant aux mesures du travail :

1° Le travail total dépensé, qui est identique à la somme totale d'énergie développée dans le circuit fictif $R + r$, quand la machine n° 2 est en repos, est :

$$T t = (R + r) i^2, \qquad (4)$$

d'où on peut tirer en se reportant aux équations (1) et (3) :

$$T t = \frac{(E - e) E}{R}; \qquad (5)$$

2° Le travail total, égal au précédent, développé dans le circuit simple R quand la machine n° 2 est en mouvement, se compose du travail calorifique $R i^2$ et du travail mécanique produit par la machine n° 2, qui est réellement ici le travail utile et que nous désignerons par $T u$. On peut donc écrire :

$$T t = R i^2 + T u. \qquad (6)$$

Si on égale les deux valeurs (4) et (6) du travail total, on a :

$$(R + r) i^2 = R i^2 + T u,$$
d'où :
$$T u = r i^2.$$

Si dans cette expression on substitue à r et i leurs valeurs (formules 1 et 3), on trouve :

$$Tu = \frac{e\,R}{E-e} \frac{(E-e)^2}{R^2},$$

d'où :
$$Tu = \frac{(E-e)e}{R}. \tag{7}$$

Cette valeur du travail utile fait apparaître immédiatement la condition du maximum ; le produit des facteurs e et $E-e$, dont la somme est constante, est maximum pour :

$$e = E - e,$$
$$e = \frac{E}{2}. \tag{8}$$

D'où on tire :
$$i = \frac{I}{2}. \tag{9}$$

27. — On peut encore arriver aux mêmes formules en raisonnant de la manière suivante :

Considérons de nouveau la résistance r équivalente à la réaction du récepteur. Le circuit $R + r$, qui peut être réalisé matériellement, est tel que tout s'y passe comme dans celui qui nous occupe, avec cette seule différence que le travail électro-magnétique est remplacé par le travail calorifique dans la résistance équivalente r.

Nous pouvons dès lors appliquer au circuit $R + r$ la *règle des résistances égales;* elle nous donnera la condition du travail utile maximum accompli sous forme calorifique dans la résistance r.

Cette condition est $R = r;$ or nous avons (3) $r = \frac{e\,R}{E-e};$ nous pouvons donc tirer $R = \frac{e\,R}{E-e},$ d'où $e = \frac{E}{2}.$

28. — Les deux démonstrations précédentes n°s 26 et 27 sont sujettes à critique. On peut douter qu'il soit permis de remplacer dans un circuit une résistance par une force électro-motrice ou, comme on nous le disait spirituellement, une voiture par un cheval. Nous croyons qu'il y a réponse à ces critiques, et nous donnerons plus loin des raisons à l'appui de notre manière de voir, n° 42.

29. — *Rendement*. — Nous avons vu dans ce qui précède que la valeur du rendement ou le coefficient économique du système est égal au rapport des forces électro-motrices du récepteur et de la source.

Nous avons vu également que le rendement est de moitié quand le travail est maximum.

Mais il faut bien se garder de mal interpréter ce résultat et de croire que le rendement soit nécessairement de moins de moitié; au contraire il peut théoriquement s'approcher autant qu'on veut d'être intégral et le coefficient économique peut s'approcher indéfiniment de l'unité; mais quand on atteint ce cas limite, le travail total et le travail utile sont nuls tous deux.

Par conséquent le rendement intégral est un leurre, comme nous l'avons déjà dit.

Ce qui est important à comprendre, c'est que si on applique au système des deux machines un moteur incapable de lui faire rendre le travail maximum, on aura un rendement de plus de moitié.

La formule du rendement montre qu'il est indépendant de la résistance du conducteur intermédiaire. Cette remarque a été faite par M. Marcel Deprez. Si on y réfléchit, on en voit la raison. La résistance du conducteur intermédiaire, et même celle des machines, agit de la même manière sur les deux machines, puisqu'il n'y a qu'un circuit unique.

30. — Avant de quitter ce sujet, nous présenterons encore une observation.

Si le récepteur ne fait aucun travail, le système des deux machines électriques devrait prendre une vitesse indéfiniment croissante, et la vitesse du récepteur devrait s'appro-

cher de plus en plus de celle de la première [1]. Mais ce n'est
là qu'une vérité théorique. En pratique, le système acquiert
une vitesse finie, le récepteur marche moins vite que la
source; un courant d'intensité i traverse le circuit. Cela
tient uniquement aux résistances passives des machines;
si elles sont toutes assimilables à des frottements, le travail qu'elles absorbent est proportionnel à la vitesse de la
machine; et si Q est la valeur de ce travail, le récepteur mar-
chant avec une vitesse un, $Q v'$ sera le travail absorbé par
les résistances passives à la vitesse v', le travail des forces
électro-magnétiques étant $K i v'$.

Quand on aura $K i v' = Q v'$ ou $K i = Q$, la marche du
récepteur sera uniforme.

Pour que le courant i traverse le circuit, il faut que la
source ait une vitesse v telle que :

$$\frac{K}{R} (v - v') = i,$$

c'est-à-dire que si la seconde machine n'effectue aucun travail, le courant qui traverse l'appareil sera toujours le
même et la différence des vitesses toujours la même, quelle
que soit la vitesse de la source.

L'intensité de ce courant donnerait la mesure de l'effet
utile ou de l'imperfection de la machine.

31. — *Représentation graphique des formules.* — Dans
la *fig.* 18 on prend pour abscisses la force électro-motrice
de réaction e, toujours inférieure à E et représentée par
conséquent par des longueurs Oe plus petites que O E.

La formule (5) du travail total :

$$T t = \frac{(E - e) E}{R}, \tag{5}$$

est l'équation d'une droite E S' M.

---

1. On suppose implicitement que les deux machines sont identiques.

La formule (7) du travail utile :

$$Tu = \frac{(E - e)e}{R},\qquad (7)$$

est l'équation d'une parabole O S E qui met en évidence le maximum pour $e = \dfrac{E}{2}$.

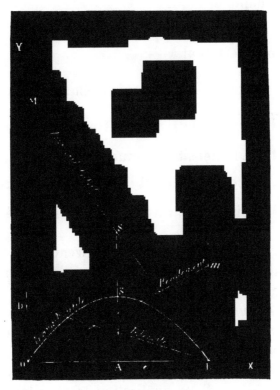

Fig. 18.

Comme le travail total ne peut être que supérieur au travail utile et qu'ils ne sont égaux que pour $e = E$, on comprend comment la droite E S′M est tangente à la parabole E S O[1].

1. Les ordonnées des deux premières courbes (formules 5 et 7) sont les mêmes; elles donnent le travail.

Les ordonnées des deux autres courbes (droites inclinées sur l'axe des X) sont arbitrairement choisies, sans rapport entre elles, ni avec les premières.

Pour $e = \dfrac{E}{2}$ le travail utile A S est moitié de A S', travail total.

La formule du rendement $\dfrac{e}{E}$ est l'équation d'une droite O m ; E m étant égal à l'unité.

Enfin la formule (2) de l'intensité $I = \dfrac{E}{R + r}$ est encore l'équation d'une droite E D.

La figure montre que dans le cas du travail maximum, le rendement est égal à $\dfrac{1}{2}$;

Quand e dépasse $\dfrac{E}{2}$ ou, ce qui revient au même, quand i est moindre que $\dfrac{I}{2}$, le rendement augmente tandis que le travail total et l'intensité diminuent ;

Quand, au contraire, e est inférieur à $\dfrac{E}{2}$, le rendement diminue, tandis que le travail total et l'intensité augmentent.

Ces dernières particularités conduisent à une règle pratique analogue à celle que nous avons donnée pour le travail d'une pile :

Si on ne peut se placer rigoureusement dans la condition du maximum, il faut faire en sorte de se placer dans la région favorable, pour laquelle l'intensité est moindre que pour le maximum tandis que le rendement est plus grand.

Cette règle est d'une application très facile ; il suffit de mettre un galvanomètre dans le circuit et d'arrêter tout mouvement du récepteur pour avoir I ; on connaît dès lors l'intensité $\dfrac{I}{2}$ qui correspond au maximum ; il faut faire en sorte que dans le fonctionnement de la machine l'intensité soit plus petite que $\dfrac{I}{2}$.

Un diagramme de ce genre a été donné pour la première fois par M. Hospitalier ; il est d'une application très générale, mais il ne répond pas au cas de deux machines dynamo-électriques conjuguées.

Avant de quitter ce sujet, nous ferons remarquer que la région dite favorable présente encore un avantage de plus dans le cas où la source est une machine électrique; l'intensité diminuant, l'échauffement de la machine diminue.

32. — *Règle des vitesses pour deux machines magnéto-électriques identiques.* — Nous avons vu que les machines à aimant fournissent des courants dont la force électro-motrice est proportionnelle à leur vitesse. Par conséquent, si on conjugue deux magnéto-machines identiques, le rendement de ce système sera égal au rapport de leurs vitesses et le travail fourni par le récepteur sera maximum, quand sa vitesse sera moitié de celle de la source (supposée invariable).

33. — *Recherche de la vitesse d'un récepteur dynamo-électrique parfait donnant le travail maximum.* — Dans le cas où le récepteur est une dynamo-machine à circuit unique, la vitesse qui donne le travail maximum ne peut pas être indiquée d'une manière générale; cette vitesse est différente pour chaque type de machine.

Nous examinerons le cas relativement simple d'une machine parfaite, c'est-à-dire dans laquelle le champ magnétique a une intensité proportionnelle à l'intensité du courant.

La force e. m. e du récepteur est proportionnelle à la vitesse de rotation v et à l'intensité i du courant :

$$e = h\,v\,i.$$

Or : $\qquad i = \dfrac{E - e}{R},\qquad$ donc : $\qquad e = hv\,\dfrac{E - e}{R},$

par suite : $\qquad e\,R = v\,h\,(E - e);$

et : $\qquad v = \dfrac{e\,R}{h\,(E - e)}.$

La condition du travail maximum est : $e = \dfrac{E}{2}$;

d'où on tire : $\qquad v = \dfrac{2R}{h}$.

Pour que cette formule puisse être utile dans la pratique, il faut déterminer e, v et i dans une même expérience ; on en tire la valeur de h. La mesure de v ne présente aucune difficulté ; celle de i peut se faire avec un galvanomètre d'intensité ; et celle de e se fait avec une grande approximation en déterminant la différence de potentiel entre les deux bornes.

Il faut d'ailleurs comprendre que le résultat obtenu n'est qu'une approximation éloignée, car les machines de la pratique ne ressemblent que de loin aux machines parfaites.

34. — *Observation importante.* — Nous avons traité le problème du travail maximum en appliquant la règle de résistances égales, même dans le cas d'un récepteur produisant une force électro-motrice de réaction ; mais avec la précaution de remplacer le récepteur par une résistance équivalente. En réalité donc nous raisonnions sur un cas dans lequel il n'y avait pas de force électro-motrice de réaction.

Mais, en dehors de cette application délicate de la règle, on ne saurait trop répéter que la *règle des résistances égales* n'est pas applicable au cas où une force de réaction électro-magnétique ou électro-chimique représente le travail utile. Ce serait une grave erreur de croire que la résistance électrique du conducteur dans le récepteur doive être égale à celle de la source ou à celle de tout le reste du circuit, pour réaliser les conditions du travail maximum. Au contraire, cette résistance doit être rendue aussi petite que possible ; et si elle pouvait être rendue assez petite pour être négligeable, le travail calorifique (perdu), accompli par le courant dans cette résistance, serait supprimé.

35. — *Association de machines dissemblables.* — Sauf quelques exceptions indiquées dans les raisonnements qui précèdent, rien n'a impliqué l'identité de la source et du récepteur; bien au contraire, ils s'appliquent au cas où la source est une pile et au cas où deux machines dissemblables sont conjuguées.

Il est probable que le système de deux machines semblables n'est pas le plus avantageux, et que dans l'avenir on donnera des dispositions différentes à la source et au récepteur pour répondre aux rôles différents qu'ils ont à remplir.

Dès à présent on peut montrer que si le récepteur doit tourner à très grande vitesse, il faut le construire à fil plus gros que la source; en d'autres termes, il faut le disposer de telle sorte que pour une vitesse et des circonstances données il ait une force électro-motrice moindre que la source. Il en résultera en effet que le récepteur prendra une vitesse relativement grande. Nous avons réussi ainsi à faire tourner le récepteur beaucoup plus vite que la source. Un avantage accessoire de cette combinaison est la diminution de la résistance électrique du récepteur; par contre, on augmente les étincelles, la perte au commutateur et le frottement.

Inversement on doit prendre pour réceptrice une machine à plus haute tension que la source, si on veut qu'elle tourne lentement.

En procédant de cette façon, on augmente, à la vérité, la résistance du récepteur et par suite son échauffement; mais par contre on diminue le frottement des tourillons et des balais et la perte par étincelles au collecteur.

36. — *Influence du conducteur intermédiaire.* — Les formules (3) et (7):

$$T t = \frac{E(E-e)}{R}, \tag{3}$$

$$T u = \frac{e(E-e)}{R}, \tag{7}$$

nous montrent que le travail utile comme le travail total

sont inversement proportionnels à R, c'est-à-dire à la résistance totale du circuit, qui se compose de :

1° la résistance propre de la source r ;

2° la résistance du conducteur qui réunit les machines ρ ;

3° la résistance propre du récepteur r'.

Si les résistances des deux machines sont petites et la distance qui les sépare grande, on peut dire en gros que le travail total et le travail utile sont en raison inverse de la résistance du conducteur, et par suite en raison inverse de la distance, si on emploie le même conducteur.

A la vérité, on peut employer des conducteurs plus gros à mesure qu'ils ont plus de longueur. On pourrait même les choisir de telle sorte que la résistance fût invariablement égale à une résistance choisie.

Il faut noter en passant que si le récepteur est une machine à électro-aimants, on doit entendre par résistance propre de la machine, celle de l'anneau. Au contraire, le fil des électro-aimants fixes doit être considéré comme faisant partie du conducteur réunissant les deux machines.

On voit donc que les machines à aimant ont une certaine supériorité sur celles à électro-aimants. Mais ces dernières ont, tout compte fait, l'avantage et de beaucoup, parce qu'elles présentent un champ magnétique inducteur beaucoup plus intense, que par suite elles produisent à vitesse égale une tension beaucoup plus grande, et qu'enfin les résistances passives mécaniques sont beaucoup moindres pour une même production de courant.

37. — *Moyen de transporter la force à grande distance.* — MM. Thomson et Houston, de Philadelphie, dans la belle série de travaux qu'ils ont publiés sur les machines électriques, ont étudié la question du transport de la force à grande distance et présenté un calcul du plus grand intérêt, que nous sommes heureux d'offrir à nos lecteurs. Soient :

R la résistance, E la force électro-motrice de la source;

R'   —   , e —   du récepteur;

ρ —   du circuit intermédiaire,

I l'intensité du courant ;

Tu le travail utile.

on aura :
$$I = \frac{E - e}{R + R' + \rho},$$

et :
$$Tu = eI.$$

Si on ajoute, à la source, une seconde machine identique à la première et associée en tension avec elle ;

si on ajoute de même une seconde machine réceptrice à la première, identique et liée en tension ;

si enfin on double le circuit en longueur sans changer le diamètre du conducteur;

On doublera la force e. m. de la source, sa résistance, la force électro-motrice du récepteur et sa résistance, et enfin la résistance du circuit. On aura donc :

$$I' = \frac{2\,E - 2\,e}{2\,R + 2\,R' + 2\,\rho} = I, \qquad (a)$$

et le travail accompli ou utile $T'u$:

$$T'u = 2\,e\,I' = 2\,e\,I = 2\,Tu :$$

Si au lieu du nombre 2 nous avions dans le raisonnement précédent mis un nombre quelconque n, le résultat du calcul aurait été le même :

$$T'u = n\,Tu,$$

c'est-à-dire que l'*intensité du courant reste la même et le travail utile est multiplié dans le même rapport que les force électro-motrice et résistance de la somme, la longueur du circuit et les force électro-motrice et résistance du récepteur.*

Il faut cependant ajouter que, pour employer un vieux mot, la tension change, ou mieux que les potentiels sont beaucoup plus élevés en chaque point du circuit, et que par conséquent l'isolement doit être plus parfait, non seu-

lement du conducteur intermédiaire, mais des fils dans les
machines. C'est là sans doute qu'on rencontrerait des difficultés insurmontables si on voulait transporter 1000 chevaux.

Il va sans dire que, au lieu d'associer une série de machines identiques, on peut en construire de plus grandes
destinées à produire des travaux quatre fois, dix fois plus
grands que la machine originaire.

38. — Des raisonnements précédents on est fondé à
conclure que, un câble conducteur d'un faible diamètre peut
suffire à transmettre à grande distance une force très considérable; c'était même là le but final auquel tendaient
MM. Houston et Thomson. Ces messieurs avaient pris
part à une discussion sur la question de savoir combien il
faudrait de cuivre, sous forme de fils conducteurs, pour
transporter à New-York la force des chutes du Niagara.
Quelqu'un avait prétendu qu'il y fallait plus de métal qu'il
n'en existe dans la région du lac Supérieur ; la conclusion
des deux physiciens a été que pour transporter cette force
à 500 milles anglais (804 kilomètres) il suffirait d'un conducteur de $\frac{1}{2}$ pouce (12 mill. $\frac{1}{2}$) au plus de diamètre.

39. — *Du choix des machines pour le transport de la
force.* — La formule (a) du paragraphe précédent doit être
mise sous la forme :

$$I = \frac{n\,E - n\,e}{n\,R + n\,R' + r},$$

si on appelle r la résistance du circuit intermédiaire; elle
fait bien comprendre que pour une distance donnée de la
source et du récepteur, ou, plus exactement, pour un conducteur donné, il y a avantage à employer des machines
d'une résistance un peu grande (étant entendu que la
force e. m. qu'elles produisent est proportionnelle à cette
résistance). M. Gramme a été depuis longtemps frappé

de cette idée et l'a mise en pratique dans les applications qu'il a faites du transport de la force.

40. — *Application à l'électro-chimie*. — Nous l'avons déjà dit : les théorèmes précédents relatifs au travail maximum et au coefficient économique sont d'une très grande généralité. Ils s'appliquent quel que soit le récepteur, machine magnéto ou dynamo-électrique, arc voltaïque, bain électro-chimique. C'est sur ce dernier point que nous voulons donner quelques détails.

Si on se propose d'obtenir un travail chimique maximum d'un bain parcouru par un courant, il faut prendre des dispositions telles que l'intensité du courant pendant le travail soit moitié de celle qu'il aurait si aucune polarisation n'avait lieu dans le bain.

Il faut donc déterminer R_1 la résistance de la source et des conducteurs,

R_2 la résistance du bain avant toute polarisation,

E la force électro-motrice de la source,

e la réaction ou polarisation du bain.

On a :
$$I = \frac{E}{R_1 + R_2},$$

$$i = \frac{E - e}{R_1 + R_2}.$$

La condition du travail maximum est $i = \dfrac{I}{2}$, ou $e = \dfrac{E}{2}$, c'est-à-dire que *la force électro-motrice de la source doit être double de la réaction du bain*.

Si on met plusieurs bains en tension ou en série, la même règle s'applique ainsi modifiée : *La somme des polarisations des bains doit être égale à la moitié de la force électro-motrice de la source*.

Si on emploie une machine électrique comme source, on peut faire varier E en changeant la vitesse.

D'autre part on peut faire varier R_2 en changeant l'étendue des électrodes, leur distance dans le bain, la composition du liquide et sa température.

Quant à la réaction du bain, à sa polarisation, elle ne varie pas comme la réaction d'une machine électrique entre des limites très étendues; mais elle varie dans des conditions qui ne sont pas bien connues, même pour l'électrolyse de l'eau.

Cependant on peut être sûr qu'elle ne dépassera jamais 3 Volts, et par conséquent la force électro-motrice de la source doit être de 6 Volts au plus par bain en tension.

Dans les bains de galvanoplastie ou cuivrage, de nickelage, d'argenture, il n'y a *pas de polarisation*, et par conséquent on peut appliquer *la règle des résistances égales* dans sa simplicité.

Cette question est traitée d'une manière remarquable dans le *Cours de Physique* de Verdet, édité par M. Fernet, tome Ier, p. 422, qui porte la date de 1868.

41. — *Application à l'éclairage électrique.* — La production de la lumière par arc voltaïque peut être étudiée à ce point de vue. On sait que l'arc a non seulement une résistance propre comme un conducteur, mais encore une force électro-motrice inverse. La condition du travail maximum sera remplie quand *l'intensité du courant sera réduite à moitié par l'existence de l'arc*, mais il faut bien préciser les deux états entre lesquels la comparaison se fait : la première intensité I est celle du courant quand les deux charbons se touchent; la seconde intensité i est celle du courant quand l'arc voltaïque a atteint sa longueur normale. Il est vrai qu'en procédant ainsi on néglige la résistance propre de l'arc; mais cette résistance est fort petite, et d'ailleurs il est assez rationnel de réunir en un même terme la résistance et la force électro-motrice inverse de l'arc.

On peut dire encore que la *condition du travail maximum* est remplie *quand la force électro-motrice de l'arc est moitié de celle de la source.*

Et si on s'en écarte, il vaut mieux que l'intensité du courant soit moindre, ou la force électro-motrice de l'arc plus grande que pour le maximum.

On peut appliquer aussi la règle des résistances égales, pourvu qu'on remplace l'arc voltaïque par une résistance équivalente. On arrive ainsi à comparer le cas de la pratique normale aux indications précédentes de la théorie.

L'arc voltaïque de 4 millimètres peut être remplacé dans le circuit d'une machine normale par un fil de cuivre de 1,44 Ohm, c'est-à-dire que la résistance équivalente de l'arc est 1,44 Ohm.

D'autre part, la machine Gramme normale a une résistance totale d'environ 0,92 Ohm; et si le conducteur extérieur a une résistance de 0,25 Ohm (qui est celle de 100 mètres de fil de cuivre de 3 millimètres), on voit que leur somme est 1,17 Ohm, un peu inférieure à celle 1,44 de l'arc.

On n'est donc pas là dans les conditions exactes du maximum, mais dans des conditions approchées, et on s'en écarte du côté favorable.

42. — *Récapitulation.* — Arrivés à ce point, il faut jeter en arrière un regard sur l'ensemble des questions que nous venons d'examiner.

Nous avons étudié le cas d'une pile et plus généralement d'une source quelconque agissant dans un circuit et n'y produisant que de la chaleur sans autre travail.

Nous avons ensuite examiné le cas d'une source électrique agissant sur une machine électrique, et plus généralement sur un récepteur électro-magnétique ou électro-chimique.

Dans la première partie, nous avons comparé le potentiel originaire de la source, et le potentiel réduit par l'addition du circuit interpolaire, mesuré à l'un des pôles de la pile, l'autre étant mis à la terre.

Dans la seconde partie, nous avons comparé la force électro-motrice de la source à la force électro-motrice d'induction du récepteur,

Les formules auxquelles nous sommes arrivés pour le coefficient économique, la règle pour le cas du travail maximum, sont en réalité les mêmes.

Pour les rendre identiques, il faudrait dans la première partie, celle relative à un travail exclusivement calorifique, considérer le potentiel réduit BK, *fig.* 16, comme une force électro-motrice de réaction produite par le conducteur interpolaire échauffé. Nous l'avons déjà dit, la production de chaleur est un travail physique tout comme la mise en mouvement d'une machine électro-magnétique, ou la décomposition d'une substance chimique ; il n'y a aucune raison pour considérer l'échauffement des conducteurs comme une résistance passive, tandis qu'on verrait une résistance active dans le mouvement du récepteur sous le nom de force e. m. d'induction, ou bien dans la réaction d'un appareil de décomposition chimique sous le nom de polarisation. Si on admet l'assimilation que nous proposons, si on prend le potentiel réduit B K comme la force e. m. de réaction du circuit extérieur, on peut dire en thèse générale que le coefficient économique est égal au rapport des deux forces e. m. d'action et de réaction, et que le travail utile est maximum, quand la seconde est moitié de la première, et quand l'intensité tombe à moitié par le fait de la réaction considérée.

Il y a dans ces idées, croyons-nous, la pleine justification de la méthode que nous avons suivie après M. Deprez, et qui consiste à substituer dans les raisonnements à un récepteur électro-magnétique une résistance équivalente. On substitue en réalité à un travail mécanique, un travail calorifique égal, c'est-à-dire à une quantité, une autre quantité de même nature.

43. — *Évaluation du travail mécanique par les procédés électriques.* — Nous avons déjà dit, en passant, n° 20, qu'on pouvait mesurer un travail mécanique par les procédés électriques. Pour le travail utile, nous avons la formule $Tu = ei$. On peut mesurer i avec un galvanomètre absolu d'intensités. On peut d'autre part mesurer e, qui est la différence du potentiel entre l'entrée et la sortie de l'anneau, au moyen d'un galvanomètre absolu de forces électro-motrices que nous avons décrit plus haut. Dès lors on peut connaître le produit de ces deux facteurs, c'est-à-dire le travail utile.

A la vérité, on néglige ainsi les frottements ; le travail utile réel est égal à ei diminué du travail des frottements à la vitesse considérée.

Nous avons vu d'autre part au n° 21 la formule du travail total de la source :

$$\mathrm{T}\,t = \mathrm{E}\,i.$$

Si on veut évaluer le travail en kilogrammètres[1], il faut ajouter aux formules le coefficient $\dfrac{1}{g}$;

on a :

$$\text{Travail total} = \frac{\mathrm{E}\,i}{9,81}\ \mathrm{kgm}$$

$$= \frac{\mathrm{E}\,i}{9,81 \times 75}\ \text{chevaux-vapeur.}$$

Pour mesurer E, il faut faire une expérience préliminaire, c'est-à-dire faire tourner la source en circuit ouvert et mesurer sa force électro-motrice avec un galvanomètre absolu de Deprez.

La mesure de I est plus facile encore et se fait avec le galvanomètre absolu d'intensités ; mais il faut se rappeler que I est l'intensité du courant quand le récepteur est arrêté, ou pour mieux dire, calé. Il va sans dire que le travail total ainsi mesuré est inférieur au travail emprunté au

---

1. On a de même :

$$\text{Travail utile} = \frac{e\,i}{9,81}\ \mathrm{kgm}$$

$$= \frac{e\,i}{9,81 \times 75}\ \text{chevaux-vapeur.}$$

moteur, du travail du frottement dans la source ; l'expression Travail total se rapporte donc au travail électrique.

44. — Il faut remarquer que cette méthode de mesure du travail mécanique n'est pas applicable au cas où la source est une machine dynamo-électrique, parce que E n'a pas dans ce cas l'invariabilité qu'on lui suppose dans les raisonnements que nous avons faits au paragraphe précédent.

Si cependant on voulait mesurer électriquement le travail absorbé par une machine dynamo-électrique, il faudrait déterminer E d'une manière particulière, dont nous avons déjà parlé et sur laquelle il faut revenir.

Il faut d'abord déterminer directement i, c'est-à-dire l'intensité du courant au moment considéré. Il faut ensuite exciter les électro-aimants de la machine dynamo-électrique au moyen d'une source étrangère et amener l'intensité de ce courant excitateur à être égale à i; et dans ces conditions il faut mesurer la force e. m. de la machine réduite à son anneau et fonctionnant comme magnéto-électrique; il faut mesurer cette force électro-motrice à la vitesse qu'a l'anneau dans l'expérience pour laquelle on recherche le travail total.

On assimile la source à une pile et on détermine ainsi la force électro-motrice de la pile qui au moment actuel, pour la vitesse actuelle, remplacerait exactement la dynamo-machine.

45. — Il n'aura pas échappé au lecteur que, dans cette mesure électrique du travail, nous avons seulement mesuré la partie du travail qui est convertie en électricité, et que nous avons négligé les frottements de la source et certaines résistances passives.

Quand on fait exactement les deux mesures :

1° Celle du travail converti en électricité par la source,

2° Celle du travail effectivement fourni à la source par le moteur,

On arrive par la comparaison de ces deux travaux à connaître l'*effet utile* de la machine électrique ou, en d'autres termes, le coefficient d'imperfection de la machine.

46. — *La source est une machine dynamo-électrique.* — On a cru généralement que les raisonnements que nous avons présentés plus haut et la règle du travail utile maximum égal à la moitié du travail total correspondant étaient applicables au cas où la source est une dynamo-machine. L'erreur est grave, parce que dans les applications industrielles on fait presque toujours usage de ces machines.

Il est certain que la plupart des observations générales que nous avons présentées sont applicables aux machines dynamo-électriques ; mais les calculs algébriques que nous avons donnés ne peuvent leur être appliqués.

En effet, on a considéré deux forces électro-motrices, à savoir : E celle de la source, et e celle dite d'induction, qui représente la réaction du récepteur. On a admis implicitement que E était la même dans les deux cas dont l'examen fournit les deux équations du travail total et du travail utile, tandis qu'il en est autrement quand la source est une dynamo-machine ; la diminution de l'intensité (qui résulte de la production de la force électro-motrice d'induction, ou même d'une augmentation de la résistance) a pour résultat une diminution de la force électro-motrice.

Ce que nous venons de dire est vrai pour les machines excitées par dérivation, comme pour les machines ordinaires à circuit unique.

D'autre part, le récepteur peut être une dynamo-machine sans que nos raisonnements soient mis en défaut de la manière que nous venons de montrer pour la source. On peut appliquer les théorèmes qui ont été donnés plus haut au cas où le récepteur est quelconque, machine dynamo-électrique à circuit unique, bain électro-chimique, etc., etc. Nous l'avons dit précédemment ; mais nous avons cru utile de le redire ici, pour que le lecteur n'applique pas, sans y penser, au récepteur la restriction que nous avons faite à propos de la source. ,

La raison en est fort simple : La force électro-motrice du récepteur n'a pas de chute comme celle de la source ; la différence de potentiel (qu'on peut mesurer avec un galvanomètre absolu) entre les deux balais collecteurs de l'anneau du récepteur est la même qu'on trouverait si cette machine avait ses électro-aimants excités par une source étrangère (si leur magnétisme avait l'intensité qu'il a dans le cas qui nous occupe et si la vitesse de l'anneau restait la même).

Le problème du travail maximum tel que nous l'avons posé, c'est-à-dire pour le cas où la vitesse de la source est constante, ne paraît pas susceptible d'une solution générale. En effet, l'intensité du champ magnétique dépend de la nature du métal des électro-aimants et des dispositions particulières des machines.

M. le Dr Werner Siemens a publié dans les deux premiers numéros de l'*Elektrotechnische Zeitschrift* des articles fort remarquables et fort instructifs dans lesquels cette question est traitée. Il conclut que le travail maximum est obtenu, quand la vitesse du récepteur est le tiers de celle de la source, dans le cas des machines parfaites ; mais il ne donne pas le calcul qui l'a conduit à ce résultat.

Nous n'avons pas réussi à retrouver ce résultat ; d'autre part, des personnes autorisées en nient l'exactitude : nous la rapportons donc sous la responsabilité de l'éminent auteur.

A cette occasion, nous signalerons à M. Siemens qu'il s'est trompé en écrivant qu'un savant français avait donné 50 0/0 du travail dépensé comme le maximum du travail utile. Ce savant, suffisamment désigné, n'a pas formulé cette assertion inexacte. On a pu lui attribuer cette opinion, mais il ne l'a pas exprimée.

47. — *Rendement.* — Si nous considérons deux dynamo-machines montées en circuit simple, l'intensité du courant qui circule dans les électro-aimants fixes est la même pour les deux machines. Tout se passe donc à chaque instant comme si ces électro-aimants étaient excités par un courant étranger.

On a :
$$Tu = ei,$$
$$Tt = Ei;$$

et par conséquent le rendement est :

$$\frac{Tu}{Tt} = \frac{e}{E}.$$

Si les machines sont identiques, les forces électro-motrices *e* et E sont dans le même rapport que les vitesses *v* et V, puisque les champs magnétiques ont la même intensité. *Par conséquent pour des machines dynamo-électriques en circuit simple, identiques, le rendement est égal au rapport des vitesses.*

Si les électro-aimants des machines sont identiques, sans que les anneaux le soient, les intensités magnétiques sont égales, et par suite le rendement est égal au rapport des forces électro-motrices *e* et E. Mais il faut bien savoir ce que sont ces deux forces électro-motrices.

Supposons qu'on excite chacune des deux machines par un courant étranger dont l'intensité soit *i*, c'est-à-dire celle du courant qui circule actuellement dans le système; les électro-aimants fixes seront excités tout comme ils le sont actuellement; les machines se conduiront alors comme des machines magnéto-électriques. Supposons qu'on fasse tourner les anneaux avec les vitesses *v* et V; les forces e. m. qu'on mesurera facilement alors seront précisément *e* et E[1].

Nous avons dit tout à l'heure que *e* la force électro-motrice de réaction du récepteur, telle que nous venons de la définir, était égale à la différence de potentiel entre les deux

---

[1]. On mesurera les forces électro-m. au moyen du galvanomètre absolu de Deprez, que nous avons décrit dans la deuxième partie.

balais de l'anneau pendant le travail du système des deux machines. Cette détermination est donc extrêmement facile.

Et quoique celle de E exige une disposition spéciale, on voit qu'il n'y a aucune difficulté sérieuse à mesurer le rendement dans chaque cas.   .

48. — *Coefficient économique pratique.* — Bien que nous l'ayons déjà dit, nous croyons utile d'expliquer encore bien nettement que le problème pratique du rendement est notablement différent de celui que nous avons traité dans les pages précédentes.

Ce qu'on a besoin de savoir dans la pratique, c'est le rapport entre le travail donné à l'opérateur par le récepteur et le travail donné à la source par le moteur. Ce rapport diffère du rendement électrique $\dfrac{e}{E} = \dfrac{Tu}{Tt}$.

D'abord, parce qu'au numérateur manquent les frottements du récepteur et les résistances analogues; ensuite, parce qu'au dénominateur manquent les résistances passives propres à cette source électrique.

Il résulte des expériences faites à Chatham par une Commission d'officiers du génie anglais, que différents types de machines Gramme convertissent 88, 85, 88, 89, pour 100 du travail moteur dépensé, en énergie électrique.

QUATRIÈME PARTIE

APPLICATIONS

1. — *Introduction*. — Les applications des machines électriques à courants continus sont presque aussi nombreuses que celles des piles. Ce serait cependant une erreur de croire que ces appareils puissent se substituer aux piles dans tous les cas et, pour ne citer qu'une exception, nous dirons que la télégraphie domestique emploiera sans doute toujours les piles de préférence aux autres sources d'électricité.

Mais il est certain que beaucoup d'applications de l'électricité ne sont devenues possibles que depuis l'invention de ces machines.

Partout où on a besoin de très grandes quantités d'électricité, les piles sont insuffisantes, parce qu'elles la fournissent à un prix trop élevé, et les machines s'imposent, parce qu'elles sont relativement économiques.

Quand au contraire on n'a besoin que de faibles quantités d'électricité, quand on n'en a l'emploi que d'une manière intermittente et à des intervalles de temps irréguliers, les piles présentent des avantages qu'il ne paraît pas possible d'obtenir d'une autre combinaison, quelle qu'elle soit.

Cette question d'économie est tout à fait capitale et doit fixer notre attention, non pas seulement au point de vue industriel, mais encore au point de vue scientifique.

Les piles sont des appareils de transformation de l'énergie chimique en électricité ; la dissolution du zinc associée à quelqu'autre action chimique est toujours la cause véritable, la source du courant électrique.

Si on considère une machine Gramme conduite par un moteur à vapeur, l'ensemble de ces deux appareils réalise une transformation semblable à celle des piles ; on voit d'une part la cause première, la combustion du charbon dans le foyer du moteur ; on voit, d'autre part, le courant électrique fourni par la machine Gramme. Nous avons donc ici encore une transformation de l'énergie chimique en électricité.

Rapprochant ces deux modes de production du courant, on voit que dans le premier c'est la combustion du zinc, tandis que dans le second, c'est celle du charbon qui est mise en œuvre. Cette simple comparaison suffit à faire comprendre pourquoi la production de l'électricité est beaucoup plus économique par le second procédé que par le premier. Ce n'est là d'ailleurs qu'un simple aperçu, et il faudrait des calculs assez longs pour évaluer la dépense à faire d'une part avec une pile et d'autre part avec des machines pour obtenir une même quantité d'énergie électrique.

Peut-être échappera-t-on à cette difficulté et tournera-t-on l'obstacle du prix du zinc par quelque artifice ; mais aujourd'hui les choses sont dans l'état que nous venons de dire.

Les principales applications des machines Gramme, celles pour lesquelles elles sont le mieux appropriées par les raisons que nous venons de donner, peuvent se classer en trois catégories principales :

1° La production de l'éclairage électrique ;
2° Le transport électrique de la force ;
3° Les applications chimiques.

ÉCLAIRAGE ÉLECTRIQUE

2. — *Préambule*. — Nous ne nous étendrons pas longuement sur cette question, à laquelle notre ami M. Fontaine a consacré un ouvrage important, traduit en anglais et en allemand et arrivé rapidement à une seconde édition.

L'éclairage électrique proprement dit peut être produit soit par l'arc voltaïque, soit par l'incandescence d'un corps réfractaire.

Nous étudierons d'abord l'arc voltaïque en lui-même.

3. — *Arc voltaïque*. — L'arc a des caractères fort différents suivant qu'il est produit par un courant continu ou par des courants alternativement renversés. Nous étudierons presque exclusivement l'arc voltaïque tel qu'il a été obtenu pour la première fois, c'est-à-dire par un courant continu.

C'est Sir Humphry Davy qui découvrit ce beau phénomène en 1813. Il plaçait ses deux charbons dans une même ligne horizontale et l'arc prenait une forme arquée vers le haut, à cause de la tendance de la flamme à s'élever; de là, le nom d'*arc*. Il l'appela *voltaïque* en l'honneur de Volta, comme Faraday a depuis appelé *voltamètre* l'instrument de mesure qu'il avait inventé lui-même. Mais dans cette première partie de notre étude, nous supposerons les deux charbons placés dans la même verticale; le positif en haut, le négatif en bas (*fig*. 19). Pour déterminer la production du phénomène, il faut d'abord mettre les deux charbons en contact, condition nécessaire pour que la circulation électrique commence.

On les éloigne ensuite et on voit apparaître entre eux une flamme, qui est proprement l'arc voltaïque. Cette flamme est conductrice de l'électricité comme on peut le démontrer directement et comme suffit à le prouver l'existence même de l'arc voltaïque; il est clair, en effet, qu'il donne passage au courant, puisqu'il se maintient. Cette flamme est composée de parties diverses comme le sont toutes les flammes; ces diverses parties sont sans doute inégalement chaudes. Il y a lieu de croire que l'extrémité inférieure du charbon positif est dans la partie la plus chaude de l'arc, et que cette circonstance contribue à déterminer la température très élevée à laquelle elle arrive, et dont nous parlerons plus loin.

Fig. 19.

L'arc voltaïque proprement dit est bien cette flamme; mais quand on parle de l'arc voltaïque et notamment de son intensité lumineuse, on entend généralement l'ensemble de l'arc et des charbons.

4. — *Procédés d'étude de l'arc.* — Pour étudier l'arc, il faut le regarder avec des lunettes noires ou bien en projeter l'image avec une lentille sur un papier quadrillé blanc. Ces deux moyens se complètent; le second a l'avantage que l'image est agrandie dans la proportion qu'on veut. Il convient d'arrêter les distances entre la lentille et l'objet, d'une part; entre la lentille et l'image, de l'autre, et de déterminer une fois pour toutes le rapport de grandeur entre l'objet et l'image. On peut alors suivre sur l'image la marche du phénomène et l'étudier même numériquement.

On reconnaît tout d'abord que l'arc par lui-même est

très peu éclairant et que la lumière fournie par l'ensemble vient presque toute des charbons.

On a souvent fait la photographie de l'arc voltaïque; mais les épreuves ainsi obtenues ne fournissent guère de renseignements utiles; elles sont même trompeuses, parce que l'intensité photogénique de l'arc est fort grande par rapport à celle des charbons, de sorte que les rapports des intensités lumineuses y sont très inexactement rendus. De plus l'exposition ne pouvant être que de très courte durée, l'extrémité seule des charbons est photographiée et l'image ne donne aucune idée de la forme des charbons.

Il convient en outre d'employer un photomètre, pour déterminer l'intensité lumineuse de l'arc, en la comparant à une unité choisie.

5. — *Unités de lumière.* — En France on a adopté le bec Carcel comme unité; c'est l'intensité lumineuse d'une lampe Carcel brûlant 42 grammes d'huile d'olive à l'heure. Elle a été fixée par MM. Dumas et Regnault, délégués, l'un par la Ville de Paris, l'autre par la Compagnie Parisienne d'Éclairage par le Gaz.

En Angleterre, l'unité admise est la *candle*, bougie de spermaceti (de six à la livre anglaise, 453 grammes), brûlant à raison de (120 grains) 7,77 grammes à l'heure et donnant une flamme de 45 millimètres de haut.

Le rapport de l'unité française à l'anglaise est égal à 9,6.

En Allemagne, on a pris pour unité la lumière d'une bougie de paraffine de 20 millimètres de diamètre; six de ces bougies pèsent 500 grammes et la flamme doit avoir 50 millimètres. D'après M. Schellen, 7,6 bougies allemandes (Vereins Kerzen) valent un bec Carcel.

6. — *Mesures photométriques.* — Les mesures de la lumière électrique faites avec l'une ou l'autre de ces unités ne peuvent pas être exactes, parce que la composition de la lumière fournie par l'arc voltaïque est différente de

celle de ces autres sources et qu'on ne peut comparer que des quantités de même nature.

Cette opinion a été exprimée avec vivacité par Sir William Thomson dans sa déposition devant le *Select Committee on Lighting by Électricity*. Il dit : « J'ai essayé moi-même de comparer la lumière électrique avec celle de la *candle* et j'ai absolument échoué, à cause de la grande différence de qualité. J'examinais les deux ombres d'un objet, d'un crayon, et ces deux ombres avaient des apparences si différentes, l'une présentant une teinte verdâtre, l'autre une teinte rougeâtre, que je ne pouvais pas dire quand les deux ombres avaient la même intensité. »

Ce que dit Sir William Thomson de la méthode des ombres, peut se dire de toutes les autres méthodes photométriques. On est dans l'habitude de mettre un verre teinté de vert devant la moitié du photomètre de manière à faire deux comparaisons à la fois. Malgré ces correctifs, la mesure est toute d'appréciation, il faut bien le reconnaître, et deux observateurs sont rarement d'accord ou ne se mettent d'accord que par complaisance.

Il y a d'ailleurs une difficulté accessoire dans la comparaison d'une lumière très faible comme la Carcel et surtout la *candle* avec une très forte comme celle de l'arc; aussi doit-on préférer pour les mesures photométriques qui nous occupent, des unités secondaires plus fortes. C'est ainsi que M. Douglass, l'ingénieur de Trinity House, emploie une lampe à 6 mèches de 722 candles.

Sir William Thomson dit encore dans le document cité [1] :

« Il serait probablement plus convenable de choisir une lumière électrique étalon, pour comparer les autres lumières électriques. La difficulté de la mesure exacte des lumières peut être tournée autrement, mais au point de vue de la pratique, on doit conseiller d'avoir un étalon de lumière électrique. »

[1]. *Minutes of evidence taken before the Select Committee on Lighting by Électricity*, 23 mai 1879.

Il paraît certain que cette comparaison est la seule qui puisse être faite avec exactitude; cette méthode n'a jamais été employée; mais elle donnera des résultats intéressants aux personnes qui pourront en faire usage.

Même dans ces conditions si satisfaisantes en principe, on rencontrera des difficultés sérieuses, notamment celle qui résulte des changements de l'orientation de l'arc, auxquels correspondent des variations de l'intensité dans une direction donnée, comme nous le dirons plus loin.

7. — *Aspect de l'arc voltaïque.* — Quand on examine l'arc avec attention, l'on est amené à distinguer l'arc proprement dit et la flamme.

L'arc est bleu et joint les parties les plus brillantes des deux charbons.

La flamme est rougeâtre, elle enveloppe l'arc et donne souvent à l'arc, par son interposition, une apparence violette. Cette flamme s'allonge parfois beaucoup et va lécher les parois du charbon positif à des distances considérables; elle est changeante et mobile et est en partie cause des variations d'intensité lumineuse. Dans quelques cas la flamme disparaît, c'est alors surtout qu'on voit la couleur bleue de l'arc.

Quand l'examen porte sur des arcs répondant à des courants très intenses de 50 à 54 Webers, l'aspect présente des particularités moins connues. D'abord, quand l'arc est court et siffle, on voit la flamme d'une couleur pourpre aux environs du négatif. Quand ensuite l'arc s'est bien établi, mais est court encore, on voit une bande bleue et étroite sur la surface éclairante du positif, une auréole rouge tout autour du négatif, tandis que la région moyenne de l'arc est blanche.

Quelle que soit au début la forme des charbons, ils se taillent d'eux-mêmes dans l'arc par le travail dont il est le siège; ils prennent des formes déterminées que la *fig.* 19 indique clairement. Le positif a l'aspect d'un cône tronqué terminé par une surface à peu près plane, légèrement concave. Le négatif a la forme d'un cône terminé par une pointe mousse. Ces formes sont d'autant plus régulières que les charbons sont plus homogènes.

8. — *Transport de matière dans l'axe.* — On voit, sur les faces latérales des charbons, de petits globules translucides de matière fondue ; ils sont formés par la silice (si on opère avec des charbons de cornue) et par les matières qui ont servi à agglomérer la masse (si on opère avec des charbons artificiels). On ne les observe pas près des pointes des charbons entre lesquels se produit l'arc ; la température y est sans doute trop élevée ; ils sont volatilisés dès qu'ils en approchent. On les voit surtout au charbon négatif ; à un moment donné, ils s'élèvent, entraînés par l'arc, et disparaissent volatilisés, sans doute, à cette haute température.

Avec certains charbons, ce mouvement de globules dans l'arc est incessant et ressemble à une pluie de matière précipitée du charbon négatif sur le positif. On croirait à ce spectacle que le charbon négatif s'use beaucoup plus vite que l'autre, tandis que c'est le contraire, comme nous le dirons bientôt.

On voit aussi ces globules autour du positif ; quand ils arrivent près de la flamme, ils s'enlèvent et disparaissent sans doute par volatilisation. Un observateur très compétent, M. Lemonnier, assure qu'il voit des particules de matière traverser l'arc dans le sens opposé, c'est-à-dire allant du positif au négatif ; nous ne pensons pas qu'on puisse les observer avec des arcs produits avec la machine normale et une intensité de 20 à 30 Webers ; c'est d'ailleurs sur des arcs puissants produits par des courants de 50 à 54 Webers qu'on a vu ce mouvement en sens inverse du mouvement général.

Quand on opère dans le vide, où l'usure des charbons est presque supprimée, on voit le positif se creuser et diminuer de poids, tandis que le négatif augmente et s'allonge.

9. — *Intensité lumineuse relative des charbons*. — Il est très facile de voir que la lumière dirigée vers le bas est beaucoup plus grande que celle envoyée vers le haut; il suffit pour cela de mettre les deux mains, l'une au-dessus,

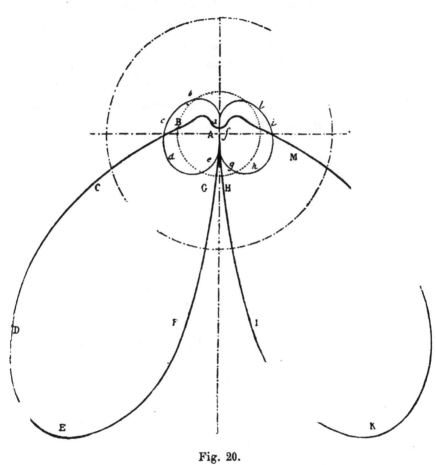

Fig. 20.

l'autre au-dessous de l'arc et de les regarder. La différence est frappante.

M. Fontaine a pris une série de mesures photométriques dans un plan vertical et dans des directions variant depuis l'horizontale jusqu'à la verticale au-dessus et au-dessous du plan horizontal passant par l'arc.

Ces expériences ont prouvé que l'intensité est maximum entre 45° et 60° au-dessous de l'horizontale, et qu'elle est

près de dix fois plus grande que l'intensité mesurée à 45°
au-dessus de l'horizontale. Le diagramme *fig.* 20 donne
une idée claire des intensités dans les diverses directions[1].
La ligne **ABCDEFGHIKM** représente les intensités dans
les diverses directions. Dans la même étude, M. Fontaine a
comparé les intensités lumineuses de l'arc voltaïque fourni
par une machine à courants alternatifs à celles que nous
venons de dire. Le même travail mécanique était employé
à la production des deux arcs; l'intensité était la même
dans le plan horizontal; mais l'intensité moyenne était
beaucoup moindre, comme on peut le voir par la ligne
abcdeghil du diagramme.

D'après M. Fontaine, l'intensité moyenne de la lumière
émise par le premier arc est triple de celle émise par le
second.

10. — *Charbons en désaccord*. — Il y a fort longtemps
que les personnes qui emploient la lumière électrique dans
les laboratoires, notamment pour les projections, emploient un artifice pour diriger la lumière dans la direction qui leur convient. Cet artifice consiste à mettre les
charbons *en désaccord*, c'est-à-dire à mettre le négatif en
avant, le positif en arrière, et par conséquent à tourner le
cratère du positif dans la direction utile. L'avantage de cette
disposition ressort immédiatement de ce que nous avons
dit tout à l'heure et du diagramme de M. Fontaine.

C'était là un petit secret de métier, que les gens de mauvaise foi utilisaient pour forcer l'intensité lumineuse dans
les expériences photométriques qu'on faisait sur leurs
appareils.

M. Tyndall, comme physicien, et M. Douglass, comme
ingénieur de Trinity House (Direction des Phares anglais),
ont appelé l'attention sur ce point dans des rapports de
novembre 1876 et d'avril 1877. M. Douglass a mesuré les

---

1. *Séances de la Soc. de Physique*, 1879, page 160. H. FONTAINE. — *Avantages du courant continu dans l'éclairage électrique.*

intensités dans le plan horizontal; il a trouvé les chiffres suivants :

287 dans la direction la plus favorable,

38 — — opposée,

116 dans les deux directions à angle droit.

Il ajoute que, par l'emploi de la disposition en désaccord,

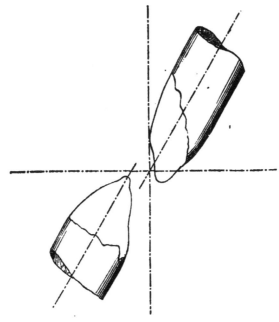

Fig. 21.

l'intensité de la lumière est de 73 0/0 supérieure à ce qu'elle serait pour les charbons placés dans la même verticale.

Il importe de comprendre que ce bénéfice, fort réel dans les phares qui doivent généralement éclairer une moitié seulement de leur horizon, n'existe pas si on considère la somme totale de lumière répandue tout autour de la lampe. En d'autres termes, la mise en désaccord des charbons est sans avantage pour l'éclairage ordinaire.

Si on veut porter au maximum la somme de lumière envoyée par l'arc voltaïque dans une direction; si, par exemple, on se propose d'éclairer les passes d'entrée dans un port pour voir les navires ennemis qui, à la faveur de la nuit, veulent y pénétrer, on peut faire plus encore que nous ne l'avons dit plus haut. On incline les deux charbons de 40° à 50°, pour que l'intensité maximum, telle qu'elle est indiquée par le diagramme de M. Fontaine, soit dirigée horizontalement.

C'est dans ces conditions que sont construites, par MM. Sautter et Lemonnier, les lampes placées dans des projecteurs optiques et destinées aux usages militaires et maritimes, à la défense des places ou des côtes.

La *fig.* 21 montre la position des deux charbons dans les lampes ; elle fait comprendre que, pour avoir le maximum d'éclairement, il faut que l'arc soit d'une longueur telle que le négatif démasque complètement le positif.

Ces lampes ne sont pas automatiques ; elles sont pour-vues de fortes vis au moyen desquelles on écarte et rapproche les charbons ; on dirige continuellement la marche de la lampe, sans l'abandonner un instant.

11. — *Température de l'arc et des charbons*. — La tem-pérature de l'arc voltaïque est la plus élevée qu'on ait pu produire ; le platine y fond comme de la cire dans une bougie ; il semble même qu'il s'y volatilise, car au bout de quelque temps il n'en reste plus. Le charbon y passe à l'état de graphite ; on constate en effet que les deux pointes sont devenues traçantes, c'est-à-dire qu'on peut, en les frottant sur du papier, y faire des traits comme avec un crayon.

Des expériences de M. Rossetti (de Padoue)[1] ont montré que :

1° Le charbon positif a une température plus élevée que le négatif ;

2° Ces températures varient avec l'intensité du courant ;

3° On peut considérer la température de la pointe néga-tive comme égale à 2,500° au moins et celle de la face po-laire positive comme égale au moins à 3,200°.

1. Voir *Journal de Physique de d'Almeida*, 1879. Tome VIII, page 257.

Il y a ici un accord évident entre la différence de température et la différence de pouvoir éclairant des deux charbons.

On sait en effet que la lumière émise par un corps incandescent augmente avec une grande rapidité avec la température [1].

12. — *Usure des charbons.* — Les deux charbons s'usent
et c'est la principale fonction des lampes ou régulateurs
automatiques de les faire progresser de manière à com-
penser exactement leur usure.

Dans le cas qui nous occupe, celui du courant continu,
l'usure des charbons est inégale ; le charbon positif s'use à
peu près deux fois autant que le négatif, les deux ayant la
même section.

On peut d'ailleurs donner aux deux charbons des diamètres inégaux. En réduisant la section du charbon négatif
on obtient une lumière plus fixe, plus intense, plus satisfaisante à beaucoup d'égards.

La lumière de l'arc voltaïque est, à intensité égale du
courant, plus brillante avec des charbons plus fins, moins
brillante avec des charbons plus gros. D'autre part l'usure
des charbons est plus rapide, s'ils ont une moindre section,
de sorte qu'il faut les remplacer plus souvent.

L'usure des charbons se fait de deux façons : non seulement la partie extrême se consume dans l'arc voltaïque en
produisant un effet utile, à savoir la lumière ; mais ils s'é-
chauffent, tant par le passage du courant que par le voisinage
de l'arc ; ils peuvent atteindre la température rouge (on le
voit seulement quand on éteint brusquement l'arc voltaïque) et se consument lentement à l'air, sur une longueur
plus ou moins grande, sans utilité aucune. Cette circonstance empêche d'employer des charbons fins avec
des courants très intenses ; si on le fait, ils rougissent sur

1. Voir *Bulletin de la Société d'encouragement.* 2e série, tome XIV, 1867,
page 760. —Leçons faites par M. Leroux.

une grande longueur (invisible aussi longtemps que l'arc voltaïque brille); ils se consument lentement sur toute leur surface, de manière à diminuer de diamètre, jusqu'à devenir comme des allumettes.

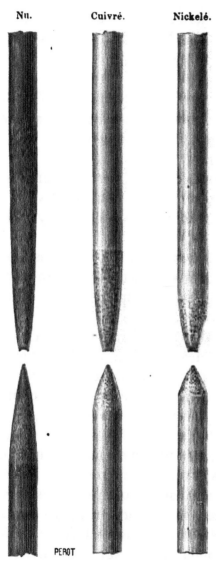

Nu.   Cuivré.   Nickelé.

PEROT

Fig. 22.

13. — *Métallisation des charbons.* — On doit à M. Reynier l'invention d'un moyen très simple de supprimer cette usure secondaire et inutile à l'effet lumineux. Les premières expériences de M. Reynier ont été faites aux ateliers de M. Breguet le 10 octobre 1875; le lendemain 11, M. Reynier prenait, sur notre conseil, un brevet qui fixe la date de son invention. Ce moyen consiste à recouvrir les charbons d'un léger dépôt galvanoplastique de nickel ou de cuivre. Les autres métaux, pour des raisons diverses, ne se prêtent pas à cet usage. Il suffit d'un dépôt très mince de métal, pour supprimer le contact de l'air et conserver aux charbons leur diamètre jusqu'au voisinage de l'arc. Il en résulte un changement dans la taille qui est bien indiqué par la *fig.* 22.

Elle montre la taille différente des charbons, suivant

qu'ils sont nus, cuivrés ou nickelés. On voit que les cônes
d'usure inutile sont fort longs pour les charbons nus, moitié plus courts environ pour les cuivrés, et plus courts encore pour les nickelés.

Si le dépôt métallique est épais, il a au contraire des inconvénients notables.

La métallisation a pour conséquence naturelle une grande
augmentation de la durée des charbons ; pour le diamètre
de 9 millimètres, la longueur brûlée en une heure baisse de
154 à 104, et pour le diamètre de 7 millimètres de 234 à 144,
surface nickelée, comme on voit par le tableau ci-après
des expériences de M. Reynier. D'après M. Gramme, les
charbons cuivrés de 14 millimètres ne brûlent que de
6 centimètres, tandis que les charbons nus brûlent de
9 centimètres à l'heure, avec le même courant.

Quant à l'intensité de la lumière, elle n'est pas sensiblement modifiée, si la section des charbons reste la même.
Mais si on prend des charbons métallisés plus fins que des nus,
on peut avoir une durée égale et une lumière plus intense.

DIMENSIONS.	ÉTAT de la surface.	LONGUEUR dépensée en une heure en millimètres.			LONGUEUR de la italle en mill.		INTENSITÉ lumineuse en becs Carcel.
		Positif.	Négatif.	Total.	Positif.	Négatif.	
Diamètre. 7m/m Section. . 0cq.3846	Nue	166	68	234	53	23	947
	Cuivrée.. .	146	40	186	24	10	?
	Nickelée..	106	38	144	12	7	946
Diamètre. 9m/m Section. . 0cq.6358	Nue.. . . .	104	50	154	45	22	528
	Cuivrée.. .	98	34	132	27	7	553
	Nickelée..	68	36	104	21	7 1/2	516

OBSERVATIONS. — Au positif la taille est bonne avec le cuivre et excellente
avec le nickel. Au négatif elle est un peu trop courte avec le nickel.
Les grandes intensités observées s'expliquent par ce fait qu'on mettait les
charbons en désaccord et qu'on tournait le cratère du positif vers le photomètre. Elles n'ont donc qu'un intérêt relatif.

Ces résultats ressortent du tableau ci-dessus, qui résume
les expériences de M. Reynier, expériences faites le 26 juil-

let 1877 chez **MM**. Sautter et Lemonnier. Les mesures photométriques étaient prises par M. Sacquet, électricien de
l'usine. L'électricité était fournie par une machine Gramme
du type normal, avec une résistance de 246 mètres de fil de
cuivre de 3 millimètres dans le circuit.

14. — *Longueur de l'arc voltaïque.* — C'est à Sir
Humphry Davy qu'on doit la découverte de l'arc voltaïque, comme nous l'avons dit plus haut. Ses expériences
furent faites avec 2,000 couples, zinc, cuivre et eau acidu-
lée ; la surface de chaque électrode était de 2 décimètres
carrés environ. Il obtint des arcs d'une longueur de 10
centimètres à l'air libre.

Les expériences les plus variées qu'on ait sur la longueur
de l'arc sont celles de Deprez[1], pour lesquelles il mit en
œuvre 600 éléments Bunsen.

Avec 25 éléments, l'arc n'était pas mesurable, c'est-à-
dire qu'il se rompait aussitôt qu'il s'établissait ; avec 600 éléments, en série, la longueur atteignait 200 millimètres.

« Le nombre des éléments de la pile en tension n'exerce
que peu d'influence sur l'intensité de la lumière. Elle augmente quand on passe de 50 à 100 éléments et quand on
passe de 100 à 600, mais pas d'une manière considérable. »

La pile fut ensuite montée en quantité, par séries de
25 éléments en tension chacune.

Avec une seule série de 25, l'arc se forme et se rompt
au même moment ; avec deux séries en quantité, il n'y a
pas encore d'arc à proprement parler, quoiqu'il y ait une
grande flamme ;

avec 3 séries (75 éléments), l'arc a 1 millimètre ;

avec 24 séries (600 éléments), l'arc atteint 11 ^{mm}, 5 ;

L'accroissement de l'intensité lumineuse était très marqué et très frappant pour tous les assistants. « L'énergie lumineuse est à peu près proportionnelle à la surface des élé-

---

1. *Comptes rendus de l'Acad. des Sciences*, 1850, tomes **XXX** et **XXXI.**

ments; 200 couples en deux séries parallèles de 100 chacune, éclairent à peu près deux fois plus que 100 éléments simples, et ainsi successivement jusqu'à 600, disposés en 6 séries parallèles de 100.

15. — *Résistance et force électro-motrice inverse de l'arc.* — Toutes les observations qui précèdent font considérer l'arc voltaïque comme une partie du circuit, conduisant le courant. On est ainsi amené à se demander quelle résistance il présente.

Matteucci fut le premier qui traita cette question; il mesura l'intensité au moyen d'un voltamètre et trouva qu'elle ne variait pas beaucoup avec la longueur de l'arc.

On doit à **M.** Edlund (1868) une découverte importante. Il a prouvé que la résistance de l'arc est composée de deux parties : d'abord, une résistance proprement dite, absolument comparable à celle d'un conducteur inerte, et ensuite une force électro-motrice d'induction comparable à celle que développe un moteur électro-magnétique placé dans le circuit.

Nous avons donc à considérer trois éléments :

1° *La résistance équivalente* de l'arc, c'est-à-dire celle qui, substituée à l'arc, ne change pas l'intensité du courant;

2° *La résistance* proprement dite de l'arc, qui est nécessairement plus petite que la résistance équivalente;

3° *La force de réaction*, dont l'effet ajouté à celui de la *résistance* produit un effet total, identique à celui de la résistance équivalente.

16. — Il est très aisé de mesurer la résistance équivalente; il suffit de mesurer l'intensité du courant pendant que l'arc brille et de lui substituer ensuite une résistance telle que l'intensité reprenne la valeur qu'elle avait avec l'arc.

Cette résistance équivalente a été mesurée par beaucoup de physiciens et d'ingénieurs. Nous groupons en un tableau celles de ces mesures que nous connaissons. Malheureuse-

ment, pour presque aucune, nous n'avons de renseignements complets. Il faudrait en effet connaître :

1° La force électro-motrice de la source et sa nature;

2° La résistance totale du circuit;

3° L'intensité du courant;

4° La longueur de l'arc;

5° Le diamètre et la nature des charbons;

6° Le sifflement ou le silence;

7° La résistance équivalente.

D'autre part, il est facile de mesurer la différence de potentiel entre les deux charbons, ou plus exactement, entre les
deux porte charbon. Cette mesure peut se faire soit au moyen
de l'électromètre, soit au moyen du galvanomètre de Marcel
Deprez à force électro-motrice. Cette mesure a souvent un
grand intérêt; mais il ne faut pas croire que cette différence
de potentiel soit égale à la force e. m. de réaction de l'arc;
elle est plus grande, puisqu'elle résulte de l'addition des
deux effets, force e. m. de l'arc et résistance de l'arc.

17. — Les expériences les plus importantes qui aient
été faites sur ce sujet sont encore celles de M. Edlund, que
nous rapportons d'après l'ouvrage de M. Wiedemann, *Gal-
vanismus,* 2° édition, 1ᵉʳ volume.

Il a mesuré d'abord la *résistance équivalente* pour des
longueurs de l'arc de $0^{mm},4, — 0^{mm},8 — 1^{mm},2 — 1^{mm},6 —$
2 mill. et $2^{mm},4$.

Il a reconnu que les diverses valeurs de cette quantité
peuvent se mettre sous la forme $a + bl$; c'est-à-dire qu'elle se
compose d'une partie a indépendante de la longueur, et
d'une partie bl beaucoup plus petite que la première et
proportionnelle à la longueur l de l'arc.

Edlund a également reconnu, d'après M. Wiedemann,
que a est à peu près en raison inverse de l'intensité du
courant, et que bl diminue avec l'intensité du courant beaucoup plus rapidement que le premier terme.

La résistance de l'arc est indépendante, toutes choses
égales d'ailleurs, de la force e. m. de la source.

Et il conclut : La partie constante a de la résistance doit correspondre au travail mécanique de la pulvérisation des électrodes ; elle croît quand l'intensité augmente et, avec elle, la température des électrodes et le travail nécessaire à la pulvérisation de la matière.

La seconde partie bl doit être la résistance propre de l'arc, dans le sens de la résistance d'un fil ; elle est proportionnelle à la longueur de l'arc et diminue quand augmentent l'intensité du courant, la température des électrodes et le nombre des particules circulant dans l'arc.

18. — D'autres expériences d'Edlund sont plus frappantes encore ; il a pu, au moyen d'un commutateur à mouvement rapide, mesurer la force électro-motrice de l'arc, $\frac{1}{80}$ de seconde après la rupture du courant de la source. C'est la preuve la plus indiscutable qu'on puisse désirer de l'existence de la force électro-motrice de réaction.

Il a mesuré cette force électro-motrice dans deux cas ; il l'a trouvée égale à 9,7 Bunsen, soit 16,8 Volts, en opérant avec une pile de 26 Bunsen,
et égale à 15 Bunsen, soit 26 Volts, avec une pile plus forte (non autrement désignée).

M. Leroux a repris dernièrement cette étude et a montré que la force électro-motrice de l'arc subsiste encore $\frac{2}{10}$ de seconde après la rupture du courant[1].

Les chiffres de M. Edlund, si intéressants qu'ils soient, ne donnent pas la valeur de la force électro-motrice de réaction ; il va sans dire en effet que cette force décroît avec une extrême rapidité à partir du moment où l'arc est rompu.

Nous croyons donc être fondé à dire : *La preuve a été donnée de l'existence de la force de réaction de l'arc et de sa résistance, mais les mesures n'ont pas été données.*

19. — La différence de potentiel a été mesurée par Sir

---

1. *Comptes rendus de l'Acad. des Sc.* 21 mars 1881.

William Thomson, sans doute au moyen de l'électromètre.
Il l'a trouvée égale à 27,3 Volts pour un arc excessivement
faible.

Nous-même avons pris, avec le galvanomètre de Deprez
étalonné, quelques mesures qui sont rapportées dans le
tableau ci-après. On voit, dans un cas, la différence de potentiel restant la même, l'arc s'allonger et l'intensité s'augmenter, tandis qu'on devrait avoir le contraire. Cela tend
à prouver qu'il est bien difficile d'arriver à une mesure
exacte de la résistance et de la force e. m. de réaction, et
qu'elles sont toutes deux rapidement variables.

NOMS D'AUTEURS.	FORCE électro-motrice de la source.	NATURE de la source.	RÉSISTANCE de la source en Ohms.	RÉSISTANCE de l'arc en Ohms.	INTENSITÉ du courant en Webers.	DIFFÉRENCE de potentiel en Volts.	LONGUEUR de l'arc.	OBSERVATIONS.
Sir William Thomson	79 Volts.	79 éléments. Danieli Thomson.	7,9	5		27,3		Arc très faible.
Thomson et Houston. Philadelphie	»	machine dynamo-électrique.		2,77 1,25 1,67 0,54	10 16,5 21,5 30,12			
Ayrton et Perry. .	108 144 219	Grove. 69 80 122	12 16 24,4	12 20 30				
Niaudet	110	Machine magnéto-électrique.			34 38,1 36 43	49 49 43 41,4	10 10,5 10 8,5	Silence. Silence. Sifflement. Sifflement.

**20. — *Force électro-motrice minima nécessaire à la pro-
duction de l'arc.* — D'après M. Edlund, il faut au moins
25 Bunsen pour produire un arc voltaïque entre des pointes
de charbon,

20 Bunsen avec des pointes de laiton,

12 Bunsen avec des pointes d'argent.

Il a observé en outre que la force électro-motrice nécessaire est un peu moins grande, quand les charbons ont déjà la forme qu'ils prennent dans l'arc, et s'ils ont déjà servi.

21. — *Sifflement de l'arc.* — L'arc voltaïque fait souvent entendre un sifflement qui, avec des courants intenses, devient très bruyant. C'est là un des inconvénients de l'éclairage par l'arc voltaïque. Quand l'arc est silencieux, la lumière est généralement plus calme ; quand il siffle, la flamme est presque toujours mobile et par conséquent la lumière moins fixe dans chaque direction.

Avec la machine Gramme normale, on n'aperçoit pas de différence sensible dans l'intensité lumineuse quand le sifflement commence ou cesse ; mais, avec les grandes machines et les intensités de 50 à 54 Webers, il paraît que la lumière est moins vive quand l'arc siffle.

Nous avons vu quelquefois le sifflement accompagné d'une poussée de flamme bleue partant du charbon positif. Nous notons ce fait en passant, parce qu'il est possible qu'un phénomène, existant toujours, mais trop faiblement pour être aperçu, s'accuse nettement dans des circonstances exceptionnelles et mette sur la voie d'une explication.

Enfin nous avons reconnu que la différence de potentiel observée entre les deux porte-charbon fait un saut brusque quand le sifflement cesse ou commence [1]. Elle est plus forte pour le silence, moindre pour le sifflement. Nous avons opéré avec des machines dynamo-électriques dont les électro-aimants étaient excités par une autre machine ; de sorte que nous étions exactement dans les conditions de l'emploi d'une pile. La force électro-motrice de la source était égale à 81, 8 Volts.

Nous avons eu des sauts indiqués par le petit tableau suivant :

1. *Comptes rendus de l'Acad. des Sc.* 21 mars 1881.

	Intensité en Webers.	Différence de potentiel en Volts.
Sifflement.	33	—
Silence.	23	55
Sifflement.	—	32,5
Silence.	23	49
Sifflement.	36	32,5

On voit que les changements de l'intensité du courant sont en sens inverse de ceux de la différence de potentiel ; c'est ce qu'on pouvait prévoir et ce qui s'explique de soi-même.

22. — *Action de l'aimant sur l'arc voltaïque.* — Quand on présente à l'arc voltaïque un aimant en fer à cheval par ses deux pôles à quelque distance, on voit l'arc attiré ou repoussé. Il y a attraction ou répulsion suivant l'orientation de l'aimant par rapport à la verticale que suit le courant.

Ce phénomène n'a rien qui puisse surprendre le lecteur ; nous y voyons l'action du champ magnétique sur un courant mobile, action qui nous a servi à expliquer la fonction de la machine Gramme considérée comme moteur électro-magnétique. Ce phénomène électro-dynamique se présente ici avec une netteté qui rend l'expérience fort intéressante. Il est important de remarquer que si on avance l'aimant de manière à entourer l'arc, l'action attractive ou répulsive persiste avec son sens, aussi loin qu'on peut pousser l'aimant ; ce qui s'explique par le fait que le champ magnétique a la même orientation, sinon la même énergie, entre les deux branches d'un aimant, dans toute la longueur.

Il arrive quelquefois que l'action est assez énergique pour rompre l'arc par un allongement sucessif.

L'action est beaucoup plus marquée avec un électro-aimant, et le renversement du courant qui l'excite permet de changer l'attraction en répulsion avec une grande facilité.

23. — *Action d'un courant.* — Enfin un courant, ou

mieux, une série de courants parallèles, peut attirer ou repousser l'arc voltaïque suivant que les courants sont de même sens ou de sens inverse. C'est là une confirmation expérimentale très simple de la première loi d'Ampère. C'est de ce fait qu'est parti M. Jamin pour la création de son brûleur.

Dès 1850, Deprez avait constaté l'influence du magnétisme terrestre, ou du courant terrestre sur la longueur de l'arc orienté perpendiculairement au méridien.

24. — *Arc voltaïque renversé*. — Dans ce qui précède, nous avons toujours supposé le pôle positif en haut et le négatif en bas ; c'est la position normale de l'arc, la disposition la plus favorable. Cela résulte des expériences que nous allons rapporter sur l'arc renversé, c'est-à-dire dans lequel le positif est en bas.

Deprez a trouvé avec sa grande pile de 600 éléments Bunsen, que l'arc normal pouvait atteindre 74 millimètres, et que, renversé, il s'éteignait à 56 millimètres.

Nous avons constaté que la lumière est beaucoup moindre avec l'arc renversé qu'avec l'arc droit ; nous avons trouvé 278 becs Carcel avec le positif en haut, 217 becs Carcel avec le positif en bas.

Nous croyons même avoir reconnu que la résistance de l'arc est plus grande avec l'arc renversé qu'avec l'arc normal ; mais c'est un résultat qu'il faut vérifier.

25. — *Arc voltaïque produit par des courants alternatifs*. — Nous dirons quelques mots seulement de l'arc quand il est produit par des courants alternativement renversés. Tout étant symétrique dans les deux sens, les deux charbons sont de même forme. Tous deux ont la forme pointue que nous avons vue au négatif dans le cas du courant continu.

L'usure des charbons paraît devoir être égale ; cependant il y a une petite différence ; le rapport des usures est de 108 à 100. Le charbon supérieur se trouvant placé au-

dessus de la flamme, on comprend qu'il soit un peu
plus chaud et qu'il brûle un peu plus vite.

Nous avons montré plus haut au n° 9 (*fig.* 20), que l'intensité lumineuse produite par un arc de cette seconde
espèce, est beaucoup moindre que celle fournie par un arc
à courant continu.

Nous ferons remarquer que la lumière est beaucoup
moins heureusement distribuée pour l'éclairage ordinaire,
puisque moitié de la lumière est rayonnée vers le haut,
d'où on ne peut la réfléchir que partiellement vers le bas.

26. — *Emploi dans les phares.* — En France et en Angleterre, on a adopté presque exclusivement jusqu'ici les
machines à courants alternatifs dans les phares. Les raisons qu'on a eues pour le faire nous échappent absolument. Nous ne voyons pas d'ailleurs qu'on les ait données.

Nous rendons pleine justice à M. de Méritens; sa machine, qui est aujourd'hui en faveur dans les deux pays, est
incomparablement supérieure à celle de Holmes et à celle
de l'Alliance; mais l'arc à deux charbons identiques nous
paraît sensiblement inférieur à l'arc dissymétrique.

Nous lui voyons un désavantage particulier au point de
vue des phares; on a besoin, en effet, de mettre la source
au foyer; c'est un mérite du système électrique de concen-
trer la lumière dans un espace très petit; avec un arc ordinaire, il est tout indiqué de mettre le charbon positif au
foyer; mais avec l'arc à charbons semblables, il n'y a pas de
raison pour y mettre plutôt le supérieur que l'inférieur, et
on est amené à y mettre l'arc lui-même qui est peu lumineux.

27. — *Production d'ozone.* — Quand on se trouve au
voisinage de l'arc voltaïque, on sent souvent une **forte**
odeur d'ozone.

Quelques physiciens regardent la production de l'ozone
par l'arc électrique, comme militant en faveur de l'emploi

de cette lumière dans les lieux de réunion ; ils pensent que cet ozone est favorable et hygiénique.

Au reste, l'ozone n'est pas la seule matière odorante qui se produise sous l'influence de l'arc ; on a reconnu l'existence d'acide nitrique ; un chimiste, très familier avec ces matières, peut, à l'odorat, les reconnaître toutes deux.

28. — *Théorie de l'arc voltaïque.* — L'existence de la force électro-motrice de réaction de l'arc fait penser à la polarisation des électrodes dans un voltamètre, ou plus généralement dans un bain électrolytique. Des expériences de Grove paraissaient montrer qu'il y avait entre les deux phénomènes une similitude très grande ; des recherches nouvelles ont fait abandonner cette manière de comprendre le phénomène.

M. Herrman Herwig [1] a donné la preuve que le travail accompli dans l'arc n'a pas le caractère d'un travail électrolytique. Il a opéré dans le vide avec des électrodes de métal ; il a examiné la quantité de métal enlevé à l'une des électrodes, et reconnu qu'elle n'avait aucun rapport d'équivalence avec l'hydrogène dégagé dans un voltamètre placé dans le même circuit.

Nous-même avons fait récemment une expérience qui paraît également démonstrative. Nous avons opéré en vase clos avec des électrodes de charbon ; l'oxygène était bientôt transformé en acide carbonique et le mélange de gaz restant était impropre à la combustion. Dans ces conditions, l'usure des charbons est réduite presque à rien ; et cependant la force électro-motrice de réaction s'observe encore ; nous l'avons trouvée égale à 54 Volts, chiffre voisin des plus élevés qu'on observe avec l'arc à l'air libre (avec la même source).

On doit donc renoncer à une explication chimique de la force de réaction de l'arc.

On peut songer à l'expliquer par l'action mécanique de

---

1. *Ann. de Poggendorff*, 1873.

l'arrachement des molécules des charbons. Le fait incontestable, c'est le transport de matière. Il se fait dans les deux sens, comme l'a établi Van Breda en opérant avec des électrodes de métaux différents (cuivre et fer); il trouvait après extinction, sur chaque électrode, des particules du métal arrachées à l'autre.

Matteucci a confirmé ces observations et a trouvé le transport toujours plus actif dans le sens du courant, c'est-à-dire de l'électrode positive à la négative.

M. Herrman Herwig a varié ces expériences; il a trouvé que tout ce qui part d'une électrode ne va pas intégralement à l'autre, mais qu'une partie est diffusée et se retrouve sur les parois du vase dans lequel on opère.

M. Wiedemann dit : « Dans l'arc s'accomplit un double travail; d'abord l'échauffement de ses particules jusqu'au rouge blanc, et ensuite la mise en poussière de la matière, opération mécanique. Ce dernier travail est équivalent à une certaine quantité de chaleur. »

Nous appuyant des paroles précédentes de M. Wiedemann, nous n'hésitons pas à conclure que *l'action mécanique qui se produit dans l'arc donne lieu à une force de réaction.*

Mais est-ce là la seule cause de la force de réaction observée? Nous ne le croyons pas; nous sommes porté à croire qu'il y a en même temps là, un phénomène thermo-électrique qui résulte de la grande différence de température entre les deux charbons dont nous avons parlé plus haut.

C'est l'opinion qu'a exprimée M. Leroux, dans sa note du 21 mars 1881 (*Comptes rendus de l'Acad.*).

L'idée à laquelle nous nous arrêtons en diffère seulement en ceci : nous croyons que *la force de réaction de l'arc résulte de deux effets qui s'ajoutent, l'un dû au fait mécanique de l'arrachement et du transport, l'autre thermo-électrique.*

29. — *Avantages de l'éclairage électrique.* — Ces avantages sont les suivants :

1° La chaleur qui accompagne la production de la lumière électrique est excessivement intense à la vérité; mais elle est en quantité minime et l'emploi de la lumière électrique supprime absolument l'inconvénient du gaz, qui élève d'une manière si gênante la température de la pièce.

2° L'arc voltaïque ne produit à l'air libre qu'une quantité insignifiante d'acide carbonique, au lieu des torrents de vapeur d'eau et d'acide carbonique que produit le gaz.

3° L'éclairage électrique a l'avantage de permettre le meilleur mode de ventilation des grandes salles. « La meilleure méthode consiste en effet, partout où cela est possible, à faire arriver de l'air frais par le haut et à évacuer l'air ayant servi, par le plancher. Ainsi, et dans ces conditions seulement, les courants d'air peuvent être évités, et un volume d'air frais descendant graduellement est fourni à ceux qui doivent le respirer. Quand on a une grande quantité de gaz chauds, produits par la combustion du gaz d'éclairage, se portant à la partie supérieure de la salle, il est difficile de pratiquer ce système. Quand on évacue ces gaz de la combustion par des cheminées, il y a une action contraire, une partie de l'air montant au plafond, une autre aspirée vers le plancher, ce qui est moins favorable à la ventilation qu'un système uniforme d'introduction de l'air par le haut, de descente et de sortie par le bas sous les pieds des assistants. Je considère que c'est là un grand avantage pour l'hygiène. » (Déposition de Sir William Thomson devant le *Select Committee on Lighting by Electricity.*)

4° La lumière électrique laisse aux couleurs leur caractère propre et leur aspect est le même qu'à la lumière du jour.

5° Sir William Thomson a exprimé l'opinion que l'acoustique des salles de concert et de spectacle est meilleure le jour qu'avec le gaz, et que la lumière électrique présente le même avantage que le jour, parce qu'elle laisse subsister l'homogénéité de l'air, tandis que le gaz produit des courants d'air chaud locaux.

6° A tous ces avantages techniques s'ajoute l'économie. L'arc voltaïque est de toutes les sources de lumière la moins coûteuse. Cette lumière très intense n'est pas à sa place partout, et partout où il faut peu de lumière le gaz reprend ses avantages; nous parlons seulement des circonstances dans lesquelles on a besoin de beaucoup de lumière.

Nous citerons ici encore une fois l'important document anglais, — *Select Committee on Lighting by Electricity.* — Le président, Dr Lyon Playfair, interrogeant M. Tyndall, dit ceci : « Si les chiffres que je vais citer sont exacts, comme je le crois, dans les expériences faites au musée South Kensington, la quantité de gaz brûlée dans une machine aurait produit une lumière de 300 *candles,* tandis que, convertie en lumière électrique, elle a produit 5,000 *candles;* la raison de cela n'est-elle pas que $\dfrac{1}{300}$ seulement de la force contenue dans le gaz est convertie en lumière, tandis que les 299 autres parties passent en chaleur, — et n'est-ce pas un triomphe pour le gaz, si vous pouvez le brûler de telle façon que cette grande perte de 299 sur 300 soit reconvertie en lumière sous une autre forme, que le gaz est incapable de donner? » M. Tyndall répond : « Je crois que vos observations ont une grande importance. Il est certain que la somme d'émission fournie par un gaz incandescent comprend une grande quantité de rayons entièrement inappréciables à l'œil; mais dans le gaz d'éclairage ordinaire la somme de ce que nous appelons les radiations invisibles est beaucoup plus grande que dans le cas de la lumière électrique. Pour cette dernière il y a peut-être 90 pour 100 des rayons pour lesquels la rétine est absolument aveugle, mais la proportion dans le cas du gaz est, comme vous l'avez dit, beaucoup plus grande. »

30. — *Lampes électriques.* — Nous ne parlerons pas des lampes, qu'on trouve décrites dans tous les ouvrages récents. Nous dirons seulement que les lumières intenses

comme celles qui nous occupent ici ne sont à leur place que dans des locaux dont le plafond est un peu élevé. Si la lumière est trop bas, on l'a dans les yeux, on en est plus ou moins aveuglé et par suite l'effet obtenu est mauvais. Si au contraire la lumière est à 4 mètres de hauteur ou plus, elle tombe de haut, l'œil n'en est pas gêné et l'éclairage est très satisfaisant. Si une salle n'est éclairée que par une seule lumière, il faut que le plafond et les murs soient le plus blancs possible, pour réfléchir et diffuser la lumière. Mais il est plus avantageux d'employer ces appareils dans un local assez vaste pour que deux ou plusieurs lampes soient nécessaires; dans ce cas, chaque foyer éclaire les ombres portées par les autres et l'éclairage est plus uniforme.

Les réflecteurs sont beaucoup moins utiles qu'on ne le croit généralement, du moins quand on emploie les machines à courant continu. D'abord nous avons vu que la lumière est en grande partie dirigée vers le bas; c'est seulement celle du charbon négatif qui peut être réfléchie vers le sol. Or cette lumière est renvoyée d'une manière moins complète peut-être, mais plus avantageuse, par le plafond qui la diffuse. Les réflecteurs n'ont donc leur raison d'être que dans les locaux dont le plafond est très noir ou formé par un vitrage. Ils sont utiles aussi dans les éclairages en plein air, où le réflecteur est en même temps un parapluie.

Les lampes peuvent être construites de telle sorte que le point lumineux soit sensiblement fixe, malgré l'usure inégale des deux charbons; cette disposition est nécessaire quand la lumière est placée au foyer d'un réflecteur ou de lentilles à échelons, par exemple dans les phares. Dans l'éclairage ordinaire, la fixité du point lumineux est sans intérêt; il est indifférent que la lumière vienne d'un point situé un peu plus haut ou un peu plus bas, surtout si elle est à 4 mètres du sol, comme nous l'avons conseillé.

On emploie souvent des globes opaques autour de la lumière pour l'adoucir. On obtient ainsi une grande masse lumineuse, au lieu d'un point brillant unique, et par suite on évite les ombres vives que donne l'arc voltaïque nu. Dans certains cas, cette addition est utile; mais il ne faut pas oublier qu'elle fait perdre une grande partie de la lumière. Les expériences faites par M. Leblanc, vérificateur du gaz de la Ville de Paris et délégué par le préfet de la Seine, et M. Joubert, conseil de la Société générale d'électricité, en novembre 1879, ont donné 39,4 pour 100 de perte. Les ingénieurs de la ville de Londres ont trouvé 59 p. 100 de perte; ce qui tend à prouver que les globes sont fort différents les uns des autres[1].

Les globes niellés causent une perte moindre; les ingénieurs anglais l'ont trouvée de 30 pour 100.

Nous croyons que dans les endroits de luxe, comme les magasins de nouveautés, les globes sont indispensables. Mais on pourrait les ouvrir largement par le haut, pour ne pas tamiser la lumière qui est envoyée au plafond et qui augmente et améliore l'éclairage.

Dans les ateliers, il faut éviter l'emploi des globes qui diminuent la lumière ou augmentent la dépense pour en obtenir la quantité voulue. Si les foyers sont à une hauteur suffisante, ils ne gênent pas; à la vérité, le premier jour, les ouvriers regardent la lumière et en sont aveuglés; mais cette curiosité satisfaite, aucun ne songe à tourner les yeux de ce côté, non plus que personne ne s'avise de regarder le soleil.

31. — *Éclairage par le plafond.* — Dans quelques cas, on adopte une disposition qui consiste à placer les foyers lumineux assez bas, à les cacher et à envoyer la lumière au plafond d'où elle revient douce et diffusée. Nous avons eu occasion récemment d'admirer le résultat obtenu par M. Jaspar dans le Bureau central des télégraphes belges à Bruxelles. La principale pièce a 8 mètres de large sur 28

---

1. Ces expériences de Paris et de Londres ont porté sur les bougies Jablochkoff.

de long; le plafond. a une hauteur de 3^m,50. Elle est
éclairée par deux lampes. Les foyers sont à 2^m,30 du sol;
d'aucun point de la pièce on n'aperçoit la lumière; elle
est en effet cachée par des réflecteurs qui envoient la lumière au plafond. Ces réflecteurs sont des morceaux de
miroir (de verre étamé) faciles à nettoyer chaque jour. Il
importe de noter que l'arc n'est pas renversé, que le charbon positif éclairant est en haut; la lumière est donc envoyée aux réflecteurs, réfléchie par eux au plafond, qui la
renvoie une seconde fois diffusée, douce et très également
répartie. Nous insistons sur ce point que l'arc n'est pas
renversé; d'autres personnes, en effet, qui ont fait de
l'éclairage par le plafond, ont cru beaucoup gagner en
mettant le positif en bas et le négatif en haut; nous avons
montré les inconvénients du renversement de l'arc et nous
croyons en conséquence que M. Jaspar a sagement fait en
employant l'arc dans sa position normale.

L'effet obtenu dans cette salle est aussi satisfaisant que
possible. La température en était insupportable, quand
chaque employé avait son bec de gaz; pour quelques-uns
la nuit ne se passait pas sans amener un mal de tête; aujourd'hui, le gaz est supprimé, la température est la nuit ce
qu'elle est le jour, et tout le personnel se félicite de la sub-
stitution.

La seconde salle est moins grande; elle a environ 8 mètres sur 9. Une seule lampe l'éclaire abondamment, disposée comme celles dont nous venons de parler. Elle présente cependant une addition fort intéressante. On désirait
éclairer avec cette lampe, outre la salle au milieu de laquelle
elle est, un grand cabinet communiquant par une large
baie. M. Jaspar a pour cet objet percé l'un de ses miroirs
d'un trou circulaire, dans lequel il a mis une lentille; la
lumière reçue par cette lentille est dirigée par elle sur un
miroir circulaire dont l'orientation est telle que le faisceau
est envoyé dans le cabinet voisin; un grand cercle lumineux se voit sur la muraille et y fournit un éclairage suffisant.

L'éclairage de ce bureau télégraphique est un frappant exemple des ressources que présentent les machines à courants continus dans des cas où il né semble pas que la lumière électrique soit à sa place.

Il faut noter en passant que si les plafonds se noircissent rapidement dans les locaux éclairés au gaz, ils se conservent blancs au contraire beaucoup plus longtemps, si on emploie la lumière électrique; de sorte qu'on peut, sans craindre de mécompte, compter sur la réflexion du plafond.

32. — *Conduite de la lampe et de la machine.* — Nous avons dit en thèse générale que la vitesse de la machine doit être réglée sur la résistance du circuit.

Pour un bon éclairage fixe et sans vacillation fatigante, il faut, avec la machine Gramme normale et des charbons de 12 millimètres de diamètre à la lampe, régler l'arc entre 3 et 4 millimètres et avoir une intensité de 20 à 24 Webers.

Avec une machine à petite lumière et des crayons de 6 millimètres de diamètre, l'arc doit avoir la même longueur, et l'intensité du courant doit être de 11 à 12 Webers.

Si d'ailleurs, pour une application particulière, on a besoin de beaucoup de lumière, on peut être obligé d'augmenter la vitesse; voici une règle pratique simple donnée par M. Fontaine pour déterminer la longueur favorable à donner à l'arc voltaïque : il faut, en arrêtant le mouvement de la lampe, voir à quelle longueur l'arc s'éteint, et fonctionner avec un écart environ moitié de cette longueur.

Nous dirons encore qu'il vaut mieux forcer légèrement la vitesse, parce que, quand la tension de la source est un peu grande, le réglage de la lampe est plus facile. Cette observation a son importance pour une machine neuve et une installation nouvelle. Un peu plus tard, quand on a pris de l'expérience et que la machine a gagné en tension par le travail, on peut réduire la vitesse.

La machine normale exige une force de 2 chevaux-vapeur 1/2 environ. La dépense de crayons dans la lampe est

de 0ʳ,25 par heure. La lumière qu'elle fournit suffit à
éclairer 200 mètres carrés de surface dans une filature,
un tissage, une imprimerie; 500 mètres carrés dans un
atelier d'ajustage; 2,000 mètres carrés sur un quai de ma-
nutention; et tout un rayon de 100 mètres dans un chan-
tier de travaux publics.

33. — Les tableaux suivants établis par M. Fontaine
fournissent des indications intéressantes :

TABLEAU A

INFLUENCE DE LA VITESSE DE LA MACHINE

NOMBRE de tours par minute.	LONGUEUR du câble conduc-teur.	ÉCART entre les pointes des crayons.	INTENSITÉ lumineuse en becs Carcel.		FORCE absorbée en kilogrammètres.		NOMBRE de becs par cheval-vapeur.
			Mesurée hori-zontale-ment.	Moyenne.	Totale.	Par 100 becs d'in-tensité moyenne.	
700	100ᵐ	3ᵐ/ₘ	160	320	185	57,81	130
725	100	3	243	486	165	33,95	220
750	100	3	295	590	192	32,54	230
800	100	4	365	730	230	31,65	235
850	100	5	488	976	282	28,89	270
900	100	6	576	1.152	330	28,64	260
1.000	100	10	646	1.292	338	26,16	285

« On voit que la lumière obtenue à 1,000 tours est quatre
« fois plus intense que celle obtenue à 700 tours et environ
« deux fois plus que celle obtenue à 800. La force con-
« sommée pour 100 becs est de 57 kgm. $\frac{1}{2}$ à 700 tours et
« 26 kgm. à 1,000 tours.

   « Les résultats consignés dans la dernière ligne sont
« très satisfaisants. On voit qu'on peut obtenir 285 becs
« Carcel par cheval-vapeur. C'est, croyons-nous, le maxi-
« mum de ce qu'on a constaté en marche régulière. Nous

« n'avons dépassé ce chiffre que dans une seule expérience,
« en nous tenant à la longueur limitée de l'arc ; mais la
« lampe s'éteignait souvent.

34. — « Le tableau B montre quelle est l'influence de l'é-
« cart des crayons, lorsque la vitesse et la longueur du câble
« sont invariables. Le maximum de lumière correspond ici
« au minimum de force consommée ; mais avec l'écart de
« 5 millimètres, la lumière était instable et la lampe s'étei-
« gnait à la moindre variation de vitesse du moteur. La
« troisième expérience peut servir de base à une applica-
« tion, car la lumière était très régulière. Quand l'écart
« devient nul, la lumière n'est produite que par l'incan-
« descence des charbons ; on fait alors une grande dépense
« de force pour produire une lumière relativement faible,
« (voir la dernière ligne du tableau). »

TABLEAU B

INFLUENCE DE L'ÉCART DES CRAYONS

NOMBRE de tours par minute.	LONGUEUR du câble conduc-teur.	ÉCART entre les pointes des crayons.	INTENSITÉ lumineuse en becs Carcel.		FORCE absorbée en kilogrammètres.		NOMBRE de becs par cheval-vapeur.
			Mesurée hori-zontale-ment.	MOYENNE	Totale.	Par 100 becs d'in-tensité moyenne.	
750	100m	5m/m	351	702	175	25	301
750	100	4	321	642	186	29	259
750	100	3	295	590	192	32,5	231
750	100	2	256	512	214	41,7	214
750	100	1	225	450	233	51,6	145
750	100	0	140	280	330	117,8	63

35. — Nous devons signaler enfin les changements qui
se produisent avec le temps. On reconnaît facilement
qu'au début du fonctionnement, la machine électrique ab-

sorbe plus de force que par la suite. Le tableau suivant montre que la différence n'est pas fort importante et que par contre la lumière produite est un peu plus grande.

TABLEAU C

INFLUENCE DE LA DURÉE DU FONCTIONNEMENT

NOMBRE de tours par minute.	LON-GUEUR du câble conducteur.	ÉCART entre les pointes des crayons.	DURÉE du fonctionnement.	INTENSITÉ lumineuse en becs Carcel.		FORCE ABSORBÉE en kilogrammètres.		NOMBRE de becs par cheval-vapeur.
				Mesurée horizontalement.	Moyenne.	Totale.	Par 100 becs d'intensité moyenne.	
750	100ᵐ	2ᵐ/ₘ	Au départ.	199	398	214	53,7	139
750	100	4	15 minutes.	180	360	183	50,8	147
750	100	4	30 minutes.	175	350	194	55,4	135
750	100	4	1 heure.	181	362	191	53	142
750	100	4	2 heures.	191	382	192	50,2	149
750	100	4	3 heures.	190	380	190	50	150

Il n'est pas fort aisé de comprendre comment après 15 minutes, c'est-à-dire quand la machine est encore froide, elle donne moins de lumière et absorbe plus de force qu'au bout de 3 heures de travail (moment auquel la machine est beaucoup plus chaude et moins conductrice).

36. — Quand la distance est grande entre la machine et la lampe, la résistance du circuit est augmentée, et, pour ramener l'intensité à être la même ou à être suffisante, il faut augmenter la vitesse de rotation de la machine. Le tableau suivant dressé par M. Fontaine [1] donne à ce sujet des indications utiles :

1. *Revue industrielle*, 9 juillet 1879.

TABLEAU D

INFLUENCE DE LA LONGUEUR DU CABLE

(dans toutes les expériences, la section du câble était de
10 millimètres carrés).

NOMBRE de tours par minute.	LONGUEUR du câble conducteur.	ÉCART entre les pointes des crayons.	INTENSITÉ lumineuse en becs Carcel.		FORCE absorbée en kilogrammètres.		NOMBRE de becs par cheval-VAPEUR.
			Mesurée horizontalement.	Moyenne.	Totale.	Par 100 becs d'intensité moyenne.	
750	100m	4m/m	321	642	186	28,9	267
800	150	5	345	690	230	33,3	225
825	200	5	315	630	232	36,8	178
850	300	5	275	550	225	40,9	183
900	400	5	260	520	241	46,3	162
950	500	5	245	490	230	46,1	160
1.000	750	5	236	472	243	51,4	145
1.100	1.000	5	215	430	256	59,5	126
1.350	2.000	5	160	320	230	71,8	104

Il ressort de ce tableau que l'intensité lumineuse obtenue par cheval-vapeur va en diminuant à mesure que le
conducteur devient plus long; ce résultat ne peut pas surprendre, il vient à l'appui de ce que nous avons dit dans
la troisième partie, de l'influence du conducteur sur le rendement. Une partie du courant électrique échauffe les conducteurs et diminue le travail transmis au récepteur.

37. — *Division de l'arc voltaïque.* — La lumière électrique de l'arc voltaïque est extrêmement intense, et par
ce motif, elle n'est pas applicable partout; aussi, après s'être
émerveillé des effets de cet éclairage dans les circonstances
qui lui sont favorables, on s'est posé le problème de diviser cette lumière en plusieurs foyers.

Quand on règle avec soin deux lampes Serrin, on peut
les faire fonctionner pendant un quart d'heure ou même
davantage dans le même circuit; mais, au bout d'un temps
plus ou moins long, le désaccord commence. Une lampe
brille, tandis que l'autre fonctionne mal, puis les rôles
changent, et l'accord ne se rétablit plus.

Ce demi-succès prouve qu'il n'y a aucune impossibilité
physique à placer deux ou plusieurs arcs dans le même
circuit; la difficulté à vaincre est purement d'ordre mécanique.

Il faut cependant se placer dans des conditions physiques qui permettent d'avoir deux arcs en circuit.

Le courant qui produit un arc voltaïque n'est pas nécessairement suffisant pour en produire deux. L'arc a, comme
nous avons vu, une force électro-motrice de réaction; pour
en mettre deux dans un circuit, il faut que la source ait
une force plus que double de cette force électro-motrice de
réaction d'un arc; pour en mettre trois, il faut que la source
ait une force électro-motrice plus que triple.

Par conséquent, une machine construite pour un arc et
donnant cet arc avec une vitesse V ne pourra pas, avec la
même vitesse, en faire fonctionner deux ni plusieurs; pour
la rendre propre à donner deux arcs, il faudra augmenter
sa vitesse, de manière à lui faire atteindre une force électro-
motrice suffisante.

Le plus souvent ce moyen sera défectueux et il faudra
employer des machines spécialement construites pour deux,
trois arcs, etc... Ces machines devront être construites
avec du fil plus fin, des spires plus nombreuses; elles au-
ront en conséquence une force électro-motrice plus grande
à la même vitesse.

38. — Quand on réfléchit à la disposition de l'appareil
Serrin et des appareils analogues, on voit aisément pourquoi elle ne peut pas rétablir l'accord, quand le désaccord
s'est une fois produit entre les deux lampes.

Le mécanisme de cet appareil a pour effet de raccourcir

l'arc quand il s'est trop allongé, ou plutôt quand la résistance du circuit a augmenté. Ce système est suffisant quand il n'y a dans le circuit qu'une seule lampe et qu'un seul arc, parce qu'il est seul cause des variations de résistance, et qu'elles se corrigent automatiquement.

Mais quand il y a deux lampes, si l'arc de la première devient trop long, l'électro-aimant de la seconde raccourcit l'arc n° 2 qui n'en a pas besoin, et par suite le déréglage ne tarde pas à se produire.

Pour qu'il soit possible de maintenir le réglage des lampes, il faut que l'électro-aimant agisse non pas à raison des variations de l'intensité du courant général, qui peuvent avoir des causes hors de la lampe, mais à raison des changements de longueur de l'arc lui-même ; pour cela, il faut que l'électro-aimant soit en dérivation par rapport à l'arc, c'est-à-dire que ses deux bouts soient attachés au circuit, l'un avant le premier charbon, l'autre après le second. Si la résistance de cet électro-aimant était petite, une très grande partie du courant le traverserait et l'échaufferait, l'arc voltaïque serait parcouru par un courant plus faible et qui pourrait être insuffisant. Il faut donc lui donner une résistance très grande afin de troubler d'une manière insensible le passage du courant dans le chemin principal, c'est-à-dire dans l'arc.

39. — *Lampe de Gramme*. — Pour fixer les idées, nous

décrirons la lampe nouvelle de M. Gramme, dont la description a paru tout dernièrement, mais qui a été depuis longtemps déjà essayée d'une manière pratique et suivie.

Cet appareil (*fig.* 23) est disposé pour être suspendu par un anneau qu'on voit à la partie supérieure ; tout le mécanisme est en haut et rien ou presque rien ne porte ombre et ne se place entre l'arc voltaïque et le sol qu'on se propose d'éclairer. Cette disposition a pris faveur depuis quelque temps et est certainement beaucoup plus satisfaisante que l'inverse.

L'électro-aimant *A* est placé dans le circuit de l'arc vol-

taïque ; il sert à l'allumage et
au rallumage de la lampe,
comme nous allons le voir. Dès
que le courant le traverse,
l'armature *C* est attirée et
abaisse avec elle les deux trin-
gles *E*, *E* qui sont reliées à
leurs extrémités inférieures
par le porte-charbon *G*. Les
ressorts antagonistes *R*, *R* re-
lèvent le charbon inférieur et
tout le cadre *C E G E* dès que
le circuit est rompu. Si donc
l'arc vient à s'éteindre, l'armature *C* remonte brusquement et la distance entre les
charbons est diminuée d'autant ; dès que le contact est
rétabli entre eux et le courant
refermé, l'attraction de l'armature se produit et l'arc est
rétabli.

Le charbon supérieur po-
sitif est porté à l'extrémité
d'une crémaillère engrenant le
premier mobile d'un rouage
comme ceux des lampes ordinaires ; un autre électro-aimant
arrête ou lâche le rouage ; il
règle la descente de la crémaillère et par suite la distance
des charbons. Cet électro-aimant est entouré de fil de mai-
lechort très fin et très résistant ;
il est placé en dérivation par
rapport à l'arc. Si l'arc s'allonge, sa résistance augmente.

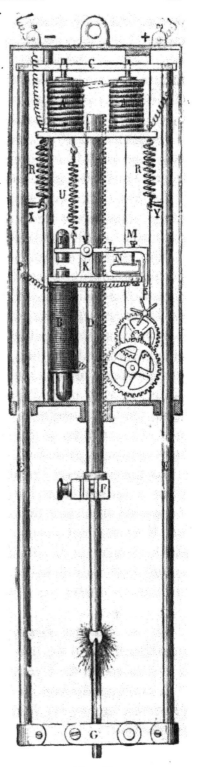

Fig. 23.

la quantité d'électricité qui passe dans la dérivation augmente, l'armature est attirée, elle permet au rouage d'avancer, l'arc se raccourcit; dès lors le courant dérivé diminue, l'armature de l'électro-aimant n'est plus attirée, elle cède à l'action du ressort antagoniste et reprend la position dans laquelle elle arrête le rouage.

Le même jeu se reproduit chaque fois que l'arc s'allonge et a pour effet de ramener et de maintenir l'arc à une longueur sensiblement constante.

La disposition que nous venons de décrire pourrait suffire et constitue le trait commun à toutes les lampes qu'on peut appeler différentielles.

Mais elle est complétée dans la lampe Gramme par une particularité toute nouvelle. A peine l'armature *I* de l'électro-aimant *B* a-t-elle dégagé le rouage, qu'elle rompt le circuit de dérivation *B*; l'attraction cesse et l'armature remonte. Le circuit se trouve alors rétabli, et si le courant dérivé a encore l'intensité voulue, un second mouvement se produit qui aboutit à une nouvelle rupture de circuit, et ainsi de suite. On voit que cette addition ingénieuse à la lampe a pour effet de rendre le rapprochement des charbons très lent et insensible, ce qui donne à la lumière une fixité permanente sans précédent.

La figure montre l'armature *I*, son ressort antagoniste *U*, l'axe *V* autour duquel elle oscille, la tige *L* de l'armature recourbée et portant le ressort *S* qui arrête le rouage; la vis *M* de réglage portée par la tige *L* et venant appuyer sur le ressort *N*. C'est par le contact entre *M* et *N* que le circuit dérivé est fermé; quand il cesse, ce circuit est rompu et l'électro-aimant est démagnétisé.

40. — *Machine Brush.* — Nous avons déjà dit que la machine Brush a été très habilement construite et poussée à la production de foyers multiples dans un même circuit.

L'avantage évident de cette réunion sur un fil unique de plusieurs lampes est la grande diminution de longueur du conducteur.

La condition de cette combinaison centralisée est un potentiel considérable de la source : d'où il résulte certains dangers pour le personnel et la nécessité d'employer des conducteurs isolés avec les plus grandes précautions.

Une expérience importante se poursuit à Londres actuellement[1]; un concours.a été ouvert entre les divers systèmes. Dans quelques mois les mérites de chacun ressortiront complètement ; mais on peut voir déjà qu'aucun des procédés n'aura une supériorité suffisante pour fermer le marché aux autres.

L'installation du système Brush dans la Cité présente les particularités suivantes : Les 34 foyers réunis en tension sur un même fil sont alimentés par une machine unique commandée par un moteur Brotherhood; de telle sorte qu'aucune courroie n'est nécessaire et que l'installation mécanique (chaudière à part) n'occupe qu'un très petit espace. La machine électrique présente la disposition dont nous avons parlé dans la première partie, c'est-à-dire que les électro-aimants fixes sont excités par l'anneau, non pas dans le circuit des lampes, non pas en dérivation, mais par une partie de l'anneau continuellement renouvelée. La tension du courant est telle qu'on ne peut toucher à la machine ou au conducteur qu'avec les plus grandes précautions. Enfin la longueur du circuit unique est de 6 kilomètres, tandis que si on avait établi plusieurs circuits distincts, on aurait eu un développement total de 20 kilomètres.

41. — M. Brush a fait connaître les mesures qu'il a prises sur une de ses machines à 16 foyers; les chiffres donnés ont le plus grand intérêt.

Il a trouvé entre les pôles de chaque lampe une différence de potentiel égale à 46 Volts environ et, pour la résistance équivalente de chaque lampe, 4,54 Ohms, soit, pour les 16 lampes, 72,96 Ohms.

---

1. Voir l'Électricien, 1er juin 1881. — L'éclairage électrique à Londres, HOSPITALIER.

D'autre part, la résistance de la machine est de 10,55 Ohms, ce qui donne pour la résistance totale du circuit (les résistances équivalentes étant substituées aux forces électromotrices de réaction des arcs), 83,51 Ohms ; dont 87,36 p. 100 représentent les lampes ; ce qui permet de conclure que 87,36 p. 100 du courant développé par la machine sont utilisés dans le circuit.

On a mesuré la résistance d'ensemble des conducteurs, des attaches, des charbons amenés au contact, et on l'a trouvée égale à 21 Ohms ; ce qui ramène à 70,96 Ohms la résistance équivalente des arcs proprement dits. En faisant une correction de 1 p. 100 pour la perte occasionnée par la dérivation dans l'électro-aimant à fil fin de la lampe (différentielle), on arrive à évaluer que 84 p. 100 de l'énergie électrique de la source sont effectivement employés dans les arcs. Ce résultat est très intéressant, mais il faut remarquer que dans ces expériences le circuit était réduit à rien ; de sorte que, dans la pratique, le rendement est moindre.

D'autre part des mesures dynamométriques ont été prises, desquelles il résulte que 81,89 p. 100 de la force motrice sont convertis en courant électrique dans le circuit. Si on rapproche le précédent résultat de ce dernier, si on se rappelle que 84 p. 100 de l'énergie électrique sont utilisés dans les arcs, on voit que 68,79 p. 100 de la force totale absorbée par la source sont transformés en chaleur et lumière dans les arcs.

Le tableau suivant présente le résumé de ces intéressantes mesures :

Résistance de la machine.	10,55
— équivalente du circuti extérieur .	72,96
— totale du circuit.	83,51
— des 16 arcs.	70,86
Force électro-motrice en Volts.	839,02
Intensité en Webers.	10,04
Force motrice totale, chevaux-vapeur.	15,48

Malheureusement les mesures photométriques manquent et nous ne savons pas, par exemple, quelle est la quantité de lumière fournie par force de cheval [1].

Quels que soient les inconvénients spéciaux au système de M. Brush, il faut reconnaître que son auteur a rendu un grand service à l'éclairage électrique et qu'il a ouvert une voie nouvelle.

42. — *Machine Gramme à plusieurs foyers.* — M. Gramme a créé récemment de nouveaux types de machines propres à alimenter plusieurs lampes à arc voltaïque. Ces machines sont du type général que nous avons décrit sous le nom de machine normale, avec de notables différences de construction. Mais les électro-aimants sont excités par une machine spéciale et distincte ; nous avons indiqué plus haut les avantages de cette combinaison, qui paraît aujourd'hui prendre faveur, car M. Siemens l'emploie à Londres pour la production de ses grands foyers, dans le concours auquel il prend part. M. Gramme va présenter à l'Exposition de 1881 des types de machines pour cinq, dix et vingt foyers. Le type de cinq foyers décrit par M. Fontaine [2] est d'une extrême élégance de construction et d'une grande solidité.

L'intensité lumineuse de chaque foyer est de 150 becs Carcel ; la dépense des charbons par heure et par foyer est de 0 fr. 15.

La machine peut alimenter à volonté 1, 2, 3, 4 ou 5 lampes ; il suffit de faire varier la vitesse de rotation en même temps que la résistance du circuit.

Le tableau suivant donne à ce sujet des renseignements intéressants :

1. *Engineering*, 4 février 1881.
2. *Revue industrielle*, 1er juin 1881.

NOMBRE de foyers.	VITESSE de la machine. — Nombre de tours par minute.	RÉSISTANCE du conducteur en Ohms.	ÉCART des charbons pendant la marche normale.	ÉCART des charbons produisant l'extinction.
1	500	1,0	0^m,0025	0,0060
2	700	2,0	0^m,0025	0,0057
3	975	3,0	0^m,0025	0,0055
4	1.125	4,1	0^m,0025	0,0055
5	1.300	5,3	0^m,0025	0,0055

43. — *Éclairage par incandescence*. — Quand un conducteur placé dans un circuit présente une très grande résistance, il s'échauffe, peut devenir incandescent et fournir de
la lumière. On peut diviser les lampes de ce genre qui exis-
tent aujourd'hui en deux classes; celles qui sont en vase
clos, celles qui sont à l'air libre. La première solution a
séduit les inventeurs, parmi lesquels M. Swan et M. Edison
sont les plus éminents. Ces messieurs emploient tous deux
un filament de papier carbonisé, une sorte de fil aplati de
charbon qui rougit sous l'influence du passage du courant,
dans un vase clos, où le vide a été fait avec les appareils les
plus perfectionnés. Ce procédé évite toute usure du fil de
charbon, tout dépôt de matière charbonneuse sur la surface
intérieure du vase.

La seconde solution, celle de M. Reynier, de M. Werder-
mann et autres, consiste à placer dans le circuit une baguette
de charbon reposant par la pointe sur un butoir d'une
espèce ou d'une autre. Cette baguette s'use par combustion lente à l'air libre; elle s'use par la pointe et se déplace
automatiquement de manière à maintenir constamment la
pointe en contact avec le butoir. Ces appareils présentent
sur les premiers l'avantage de donner un peu plus de
lumière, car la combustion par l'air élève la température
du charbon; ils n'ont pas l'enveloppe de verre qui absorbe
toujours une partie des rayons qui la traversent; ce sont
des appareils auxquels il faut toucher de temps à autre pour

remplacer le charbon consumé, mais l'accès est facile, l'appareil est simple et peut être remis en ordre sans peine, s'il vient à se déranger.

Par contre, les premiers ont l'avantage qu'ils fonctionnent sans qu'on ait d'un jour à l'autre, et d'une semaine à l'autre, à s'en occuper d'une façon quelconque. Quant à ce qu'ils durent indéfiniment, on ne peut pas le croire et leur fragilité serait un obstacle à une durée prolongée, alors même qu'il n'y en aurait pas d'autre.

On verra par le tableau que nous donnons plus loin des quantités de lumière produites par cheval-vapeur avec les différents appareils, combien les lampes à incandescence sont plus coûteuses à l'usage que celles à arc voltaïque. Il ne faut pas d'ailleurs en conclure qu'elles ne puissent être à leur place dans beaucoup de circonstances.

Les lampes à incandescence fournissent une solution du problème de la division de la lumière. Elles se prêtent très bien à un réglage instantané de l'intensité par l'introduction de résistances dans le circuit ; on peut donc les employer dans un théâtre, abaisser la lumière, presque l'éteindre et la rallumer ensuite.

Elles présentent enfin l'avantage qu'on peut les faire fonctionner également bien avec les courants continus et avec les courants alternatifs.

44. — *Éclairage par les courants alternatifs.* — Les machines à courants alternatifs n'entrent pas dans le cadre du présent ouvrage.

Nous nous bornons à en faire ici une simple mention, à propos de l'éclairage qui est la seule application importante qu'elles puissent recevoir.

Si grands que soient les perfectionnements que ces machines ont reçu depuis que M. Jablochkoff a ramené les inventeurs à s'en occuper, nous persistons à croire que l'emploi des courants continus est bien préférable, non seulement à cause de la forme plus favorable qu'ils donnent à l'arc voltaïque, mais encore, à raison même de la production de l'électricité par sa source.

45. — Le tableau suivant donne le résumé d'expériences faites par divers physiciens et ingénieurs, sur la quantité de lumière fournie par divers systèmes et par force de cheval.

Les mesures photométriques pour l'arc voltaïque, y com pris la bougie Jablochkoff, ont été prises dans le plan horizontal du foyer.

TABLEAU COMPARATIF

LUMIÈRE FOURNIE PAR CHEVAL-VAPEUR PAR LES DIFFÉRENTS SYSTÈMES

	Nombre de Carcels par cheval-vapeur.
1. Arc voltaïque droit. Distance des crayons 10 $^m/_m$. Chiffre maximum obtenu, dépassant probablement ce que la pratique peut donner. Machine Gramme normale (Fontaine).	285
2. Arc voltaïque droit. Distance des crayons 3 $^m/_m$. Chiffre d'une bonne marche pratique. Machine Gramme normale (Fontaine)	231
3. Arc voltaïque droit. Chiffre donné par le Président du *Select Committee on Lighting by Electricity* et admis par Sir William Thomson. Machine dynamo-électrique. 2,400 *candles,* soit à 9,6 pour un Carcel. . .	250
4. Bougie Jablochkoff. Machine Gramme à courants alternatifs. Résultat calculé sur : 1° le chiffre de 5/6 de cheval-vapeur par foyer donné par l'ingénieur des Grands Magasins du Louvre (Honoré); 2° la mesure photométrique à feu nu, qui a donné 41 becs Carcel par foyer (Joubert). Résultat du calcul..	49,2
5. Lampe Edison. Chiffres donnés par le *American journal of Science and Art* (Rowland et Barker). 1re expérience. . . . . de 11 à	21
2me expérience, machines et lampes d'Edison (Brackett et Young).	19
6. Lampe de Swan. 150 candles (Swan).	16,66

TRANSPORT ÉLECTRIQUE DE LA FORCE

46. — *Preambule historique.* — La question du transport électrique de la force est une des plus belles qui puissent occuper les physiciens et les ingénieurs. Nous l'avons déjà traitée dans la troisième partie, au point de vue théorique; nous parlerons maintenant d'une manière sommaire des applications pratiques.

Nous allons rappeler brièvement les premières expériences qui ont été faites et les premières publications qui ont traité de l'avenir du transport électrique de la force. Nous le ferons avec d'autant plus de plaisir que ce mouvement important a commencé en France et que les premières applications ont été faites à Paris; elles ont été si heureuses, que les appareils mis en œuvre fonctionnent encore tout comme ils ont fait le jour de leur mise en train.

A. M. Fontaine, administrateur de la Société Gramme, a fait une expérience mémorable à l'Exposition de Vienne, le 3 juin 1873, jour de la visite de l'empereur d'Autriche à la section française. Il en a rendu compte dans la *Revue Industrielle* de décembre 1873 dans les termes suivants :

« La machine principale était actionnée par un moteur
« à gaz du système Lenoir; l'électricité produite était
« envoyée dans une deuxième machine Gramme de
« moindre dimension, laquelle agissait en véritable mo-
« teur électrique et actionnait une petite pompe centrifuge
« de MM. Neut et Dumont.

« L'avantage principal d'une transmission de force par
« l'électricité se trouverait dans la simplicité de la pose et
« dans la possibilité de franchir des espaces verticaux inac-
« cessibles aux câbles. Un semblable système ne donne-
« rait lieu à aucun entretien dans la distance qui sépare le

« lieu de la force et celui des machines qu'elle fait mouvoir :
« on n'aurait à craindre ni la rupture d'un câble animé
« d'une grande vitesse, qui peut présenter des dangers
« sérieux, ni les fuites des tuyaux si on opère avec l'eau
« ou l'air comprimé.

« Le prix d'installation de deux machines Gramme et
« de deux conducteurs de cuivre, paraît, à première vue,
« assez élevé ; mais la facilité de la pose et surtout l'éco-
« nomie résultant d'un entretien à peu près nul, devront
« dans bien des cas faire donner la préférence au nouveau
« système. »

B. Le 11 juillet 1873, l'auteur de cet ouvrage présentait
à la Société française de physique la machine Gramme de
laboratoire, et faisait devant elle l'expérience des deux machines conjuguées, qui a été décrite dans la troisième partie et qui montre la possibilité du transport de la force et
le réalise en petit.

C. La première édition du présent ouvrage, publiée
en 1875, se terminait par un court chapitre intitulé :
Transmission de force à distance, dans lequel nous disions :
« Cette idée a besoin d'être mûrie, mais il est difficile que
« les ingénieurs ne s'en émeuvent pas grandement ; on
« voit en effet qu'elle fournit un moyen d'utiliser la force
« des chutes d'eau, si abondantes dans les montagnes, loin
« de ces montagnes ; d'utiliser la force de la marée, loin
« des côtes, etc., etc.

« Nous indiquerons un exemple : la Seine est aujour-
« d'hui canalisée dans tout son cours ; une série de barrages
« placés sur toute sa partie navigable la mettent absolument
« dans la main des ingénieurs qui la règlent à leur volonté.

« A chacun de ces barrages se rencontre une différence
« de niveau plus ou moins grande et par conséquent la
« possibilité d'établir des chutes régulières et des turbines
« pour les utiliser.

« Transporter l'industrie autour de ces divers barrages

« est une chose difficile; transporter la force qu'ils per-
« dent actuellement, dans les villes voisines, peut être plus
« aisé.

« Voilà notamment le barrage du Port-à-l'Anglais dont
« les niveaux et le débit sont tels, qu'il représente une force
« perdue quotidiennement de 3,000 chevaux-vapeur; ce
« barrage n'est qu'à 1,000 ou 1,500 mètres des fortifications :
« rien n'empêche que, d'ici à quelque temps, une grande
« machine Gramme ou une série de machines mues par
« des turbines installées près du barrage n'envoient à Paris
« des courants électriques suffisants pour faire mouvoir
« d'autres machines Gramme, qui elles-mêmes, placées
« chez divers industriels, leur donneront à domicile une
« force motrice calculée sur leurs besoins, sans qu'ils aient
« les embarras et les frais d'entretien d'un moteur à va-
« peur ou autre.

« Supposons pour un moment que sur les 3,000 chevaux
« réalisables au Port-à-l'Anglais on en perde les deux tiers :
« ne serait-ce pas un immense résultat obtenu que de four-
« nir à l'industrie parisienne 1,000 chevaux-vapeur?

« Nous ne songeons pas à dire que la distance à laquelle
« la force devra être transmise soit indifférente et sans in-
« fluence sur le coefficient économique de cette combinai-
« son; le contraire est certain. Toutes les fois qu'un con-
« ducteur transmet un courant, ce conducteur oppose une
« certaine résistance et s'échauffe d'une certaine quantité.
« Cet échauffement peut être inappréciable, surtout si le
« conducteur est exposé à l'air et rayonne par une surface
« très étendue la chaleur qui lui est communiquée. Mais
« cette production de chaleur est incontestable et toute la
« chaleur, communiquée au câble et perdue ou gardée par
« lui, est empruntée à la force mécanique fournie par la
« machine qui commande.

« Quelques difficultés imprévues pourront se présenter ;
« mais nous n'hésitons pas à dire que de cette combinaison
« mécanique nouvelle sortira une révolution industrielle et
« économique. Au risque de paraître chimérique et d'être

« traité de rêveur, nous tenons à terminer cette étude par
« cette affirmation et cette prédiction. »

Le Dr Werner Siemens a été, hors de France, le premier
qui se soit occupé de la question, et si nous ne rendons pas
un compte aussi exact de ses travaux que de ceux des
Français, cela tient à ce que nous les connaissons moins
bien; mais nous les apprécions à leur haute valeur.

47. — *Premières applications.* — Nous avons rappelé
les premières expériences et publications; nous allons indiquer maintenant les premières applications.

La première en date est celle faite en mars 1877 par les
officiers d'artillerie chargés de l'atelier de Saint-Thomas
d'Aquin; ils voulaient commander une machine à diviser
placée dans un pavillon séparé, par la machine à vapeur de
l'atelier distante de 50 ou 60 mètres; ils établirent une
machine Gramme près du moteur à vapeur, un moteur
électro-magnétique près de la machine à diviser et deux
conducteurs reliant ces deux appareils au travers de la cour.

La seconde que nous ayons à citer est celle que fit dans
les ateliers de Paris de la Société du Val d'Osne, M. Cadiat,
alors ingénieur de cette Société[1]. On avait à commander
un outil au fond du terrain, à distance considérable du
moteur à vapeur de l'atelier, dont on était séparé par des
cours; on utilisa deux machines Gramme type normal qui
avaient servi à faire de la lumière et que le changement de
saison avait rendues inutiles; on les réunit par deux fils de
cuivre de 3 millimètres de 150 mètres chacun, placés en
l'air sur des isolateurs exactement comme des fils télégra-
phiques. Le travail fourni par le récepteur fut trouvé égal à
50 kilogrammètres. Cette installation a fonctionné tous les
jours ouvrables sans aucune interruption jusqu'au moment
où nous écrivons. La phrase suivante de M. Cadiat, au
début de sa note, mérite d'être citée : « On peut dire au-

---

1. Voir *Séances de la Société française de physique*, année 1878, p. 70. —
Séance du 5 avril 1878.

« jourd'hui que l'emploi de l'électricité pour les transmis-
« sions de mouvement à grande distance est un fait acquis
« à l'industrie ; car depuis un mois je mets le procédé en
« pratique, et, pour commander un outil fort éloigné de
« la machine motrice, je n'emploie pas d'autre intermé-
« diaire que l'électricité. »

Nous dirons en passant que le travail accompli par le
récepteur est la mise en mouvement d'une troisième machine Gramme destinée à faire un travail électro-chimique,
à cuivrer des objets de fonte de fer.

Nous l'avons noté pour énumérer toutes les parties d'un
système de ce genre ; on y trouve :

1° Le *moteur* qui est à vapeur, à gaz, à eau, etc. ;

2° La *source*, machine électrique productrice d'électricité ;

3° Le *conducteur* ou les conducteurs ;

4° Le *récepteur*, machine électrique du même genre que
la première ;

5° L'*opérateur*, qui est un outil quelconque, ici machine
Gramme à électro-chimie, à Saint-Thomas d'Aquin machine à diviser, ailleurs ventilateur, machines à coudre,
ascenseur, etc., etc.

48. — *Labourage à l'électricité.* — Nous avons visité récemment la sucrerie de Sermaize, où nous conduisait le dé-
sir de voir fonctionner les machines à labourer de M. Félix.
Nous pouvons donc donner l'impression d'un visiteur effec-
tif.

En quittant l'usine, nous marchons sous la conduite de
M. Félix vers le champ labouré. Nous suivons d'abord une
ligne télégraphique, c'est-à-dire des poteaux portant des
isolateurs et deux fils, d'un aspect entièrement semblable
à celui d'une ligne ordinaire. Elle s'arrête au bout du
champ auquel nous arrivons.

Nous voici auprès d'une lourde machine (3,800 kilogrammes) montée sur quatre roues et que nous appellerons le
treuil laboureur. A l'autre bout du champ, droit en face, je
vois un second *treuil* semblable au premier et entre deux,

la charrue qui marche vers nous tirée par un câble d'acier
(corde de fils d'acier d'un diamètre total de 10 millimètres)
que nous voyons s'enrouler sur le treuil.

Cette machine composée, que nous sommes convenus
d'appeler le *treuil*, a en effet pour pièce principale un treuil,
un grand tambour sur lequel s'enroulent 400 mètres de
câble répondant au labourage d'un champ de pareille longueur. Ce tambour a naturellement un mouvement lent,
et pour le commander par des machines électriques qui
tournent rapidement, comme on sait, M. Félix a disposé
une série d'engrenages. Le dernier, celui qui lie les machines électriques à l'axe qu'elles commandent directement,
est un engrenage à frottement ; la poulie, montée sur l'axe
de chaque machine Gramme, est enveloppée de cuir qui
frotte et entraîne la poulie contre laquelle elle appuie.
Dans le *treuil* qui fonctionne sous mes yeux, deux machines
Gramme agissent à droite et à gauche de la même poulie
et ajoutent leurs effets. Cette disposition si séduisante va
être abandonnée ; il est à peu près impossible, comme on
le comprend, de faire tourner les deux machines rigoureusement à la même vitesse ; dès lors il se produit des glisse-
ments qu'il faudrait éviter. Par la suite, il y aura une machine électrique unique de force double.

La charrue est arrivée près de nous ; on fait la manœuvre
des commutateurs qui sont montés comme de raison sur
le véhicule, le *treuil;* on les tourne, le circuit est rompu,
les machines électriques cessent d'être motrices et l'arrêt
est immédiat.

On |fait un mouvement de levier qui déplace la com-
mande ; elle n'est plus liée au tambour, mais elle attaque
d'autres engrenages qui commandent les roues postérieures
du véhicule. Cette liaison mécanique établie, on referme
le circuit ; les machines Gramme se remettent en mouvement, et le *treuil* tout entier avance lentement. Le terrain
est humide et la terre détrempée parce qu'il a plu dans la
nuit, les roues patinent donc un peu ; on monte sur l'une
d'elles une sorte de grande dent de forte tôle de fer qui pé-

nètre dans la terre, donne un point d'appui sûr et fait avancer. Le treuil a avancé de la largeur des sillons qui viennent d'être faits (trois au départ, trois au retour); on
l'arrête; on dégage absolument le tambour afin de n'opposer
aucune résistance au déroulement du câble.

On tourne alors à nouveau les commutateurs et on en-
voie le courant qui vient de l'usine, non plus dans ces
machines que nous avons vu tourner, mais dans celles qui
sont au second *treuil* à l'autre bout du champ. Il s'anime
aussitôt; la charrue part, s'éloignant de nous.

Avant de quitter le *treuil*, disons que les machines
Gramme sont du modèle spécialement construit par l'inventeur pour le transport de la force, modèle à quatre
pôles agissant sur l'anneau, que nous allons décrire plus
loin.

La charrue marche à une vitesse de pas d'homme; elle
est à trois socs simultanés, qui font des sillons de 25 centimètres de profondeur. On arrive avec ces engins à labourer
entre 30 et 40 ares à l'heure. Pour parler plus exactement,
il faut dire que la charrue a six socs, trois d'un côté,
trois de l'autre; quand elle arrive au bout du champ, on la
fait basculer, on élève en l'air les trois socs qui viennent
de travailler et on met en prise les trois autres dont la
pointe est tournée à l'inverse. Ces charrues (de Fowler)
sont d'ailleurs celles qu'on emploie dans le labourage à la
vapeur.

Les fils qui vont de l'usine au champ ont une section de
10 mill. q.; leur longueur totale est de 1,000 mètres jusqu'au premier treuil (deux fils de 500 mètres) et de 1,600 mètres jusqu'au second. Les fils sur les poteaux sont de cuivre nu; on n'emploie les fils recouverts que pour lier les
lignes aux appareils, parce qu'ils traînent souvent sur le sol
ou sur la machine.

En rentrant à l'usine, nous voyons deux machines identiques à celles qui sont sur les treuils et que commande
un moteur à vapeur de 25 chevaux.

Les machines Gramme des *treuils* donnent chacune six

chevaux, soit douze chevaux pour le *treuil;* les machines de l'usine absorbent à peu près le double, soit les 25 chevaux du moteur. Le rendement est un demi environ; et la vitesse des récepteurs est à peu près les trois quarts de celle des sources d'électricité.

Il est extrêmement intéressant de suivre de l'usine, sur un galvanomètre (dit sans fils), toutes les phases ou les accidents du travail qui se fait au champ. Nous voilà en travail normal avec une déviation de 15 degrés de l'aiguille. Puis nous voyons l'aiguille tomber au zéro, il paraît que la charrue est arrivée au bout du champ. Quelques minutes plus tard, l'aiguille s'incline de nouveau, mais seulement à 12 degrés; c'est le treuil le plus éloigné qui travaille; la première fois, c'était l'autre, le circuit était plus court, l'intensité plus grande.

Pour ce travail considérable il ne faut que : au champ, trois hommes, un à chaque *treuil,* un à la charrue pour la diriger, à l'usine un homme pour conduire le moteur à vapeur; quatre en tout.

Une chose nous a frappé pendant que nous assistions à ces expériences si intéressantes, c'est l'indifférence absolue des gens du pays; il est clair que pour eux le labourage par les machines électriques est maintenant chose aussi simple que le labourage par les bœufs; ils passaient sur la route sans se retourner.

Avant de quitter le labourage à l'électricité, nous devons nous demander quel est l'avenir de ces machines et de cette application. De même qu'on a tort de rêver la suppression du gaz et son remplacement général par la lumière électrique, de même on aurait tort de croire à une application générale des machines électriques au labourage. Il faut employer les procédés industriels, et particulièrement les procédés nouveaux, dans les circonstances qui leur sont favorables. Si on a au milieu d'une grande exploitation agricole une force hydraulique, n'est-il pas à propos de s'en servir pour les besoins de l'agriculture? Des expériences assez tristes ont montré qu'on ne peut pas

créer une ville industrielle par l'offre de la force motrice à
bon marché; l'industrie obéit à d'autres considérations
plus importantes encore. Mais autour d'une chute d'eau
on peut toujours labourer, et si le procédé employé permet de travailler à une grande distance de la force motrice,
on voit que par tous pays de grandes étendues de terrain
peuvent être ainsi économiquement cultivées.

A part les forces naturelles, il y a d'ailleurs, dans les pays
civilisés, un grand nombre de forces artificielles qui ne
sont pas utilisées d'une manière continuelle, et qui pour-
raient être distraites pour servir aux travaux agricoles
dans beaucoup de circonstances. Tel est le cas des sucre-
ries. La campagne sucrière ne dure, comme on sait, que
quatre mois de l'année; pendant le reste du temps, les machines à vapeur sont disponibles et si on peut leur faire
faire un travail utile, on fait une excellente spéculation.
M. Félix donne l'exemple dans sa sucrerie de Sermaize;
non seulement il laboure, mais encore il bat son grain;
une grande batteuse est amenée au milieu de la grange;
une voiture portant une machine Gramme est fixée devant
elle; les fils sont tout posés, c'est-à-dire qu'ils arrivent
fixés d'une manière invariable aux murs de la grange;
qnand on veut battre, on n'a qu'à mettre des fils volants
du mur à la machine Gramme. Il va sans dire qu'il ne
pourrait pas être question d'introduire une locomotive à
vapeur dans une grange, et c'est là un avantage accessoire
de l'emploi de l'électricité à ce travail particulier, que la
facilité qu'on a de travailler à l'abri.

Avant de quitter Sermaize, ajoutons que, pendant l'hi-
ver, M. Félix ne délaisse pas l'électricité; d'abord il éclaire
ses cours et le quai du canal de la Marne au Rhin, par lequel lui arrive une grande quantité de betteraves; il fait
plus encore, il fait mouvoir un système de treuils placé au
bord du canal. Une disposition qui rappelle celle des dra-
gues amène les betteraves du bateau dans les vagons qui
les portent à l'intérieur de l'usine; 10 à 12 millions de kilogrammes ont été ainsi débarqués chaque année. On éva-

lue à 0 fr. 20 c. par tonne l'économie faite au moyen de ce treuil électrique, par rapport aux procédés rudimentaires qu'on employait autrefois, soit 2,400 fr. d'économie annuelle.

Si les circonstances avaient fait que M. Félix dirigeât une sucrerie moins éloignée de Paris, si les personnes qui conduisent l'opinion avaient été en grand nombre voir de leurs yeux les applications variées qu'il fait de l'électricité, les choses n'en seraient pas où elles en sont. Nous serions plus avancés.

Nous ne pouvons pas terminer sans louer les dispositions ingénieuses que M. Félix a imaginées et réalisées dans tout l'ensemble des dispositions que nous avons vues et spécialement dans les treuils laboureurs. Nous croyons que le transport de la force, quand il sera réalisé d'une manière générale et courante, lui devra beaucoup.

49. — *Chemins de fer électriques.* — MM. Siemens et Halske ont fait figurer à l'Exposition de Berlin, en 1879, deux applications du transport électrique de la force. Ils montraient d'abord un métier à tisser commandé par l'électricité.

De plus, ils avaient établi un petit chemin de fer électrique qui a attiré et méritait d'attirer la plus grande attention. Il était à voie étroite, sa longueur était de 300 mètres. La locomotive de fort petite dimension traînait trois voitures découvertes (pour 18 voyageurs) avec une vitesse de 3 à 4 mètres par seconde. Ce remorqueur présentait une machine de Hefner Alteneck, donnant le mouvement aux roues. Une barre centrale de cuivre, isolée et placée au milieu de la voie, était le conducteur amenant à la locomotive le courant produit par une autre machine dynamo-électrique, fixe et placée au point de départ.

Deux balais métalliques portés par le remorqueur frottaient sur ce rail central et établissaient la liaison mobile entre la source et le récepteur; le circuit était complété par la masse métallique de la locomotive, ses roues, les rails et la terre.

50. — Au moment où nous remettons ces feuilles à l'impression, arrive la nouvelle de l'inauguration d'un chemin de fer électrique véritable, construit par les mêmes ingénieurs à Gross Lichterfelde.

La principale différence entre les nouvelles dispositions adoptées et celles que nous venons de décrire nous paraît être la suivante : les roues du remorqueur sont isolées du bâti, le courant arrive par un des rails et retourne par l'autre; plus exactement le courant est amené par des conducteurs souterrains aux rails tous isolés les uns des autres.

La voie a la largeur d'un mètre; la ligne a 2 kilomètres 1/2 de long de la gare du chemin de fer d'Anhalt à l'École Militaire.

La voiture unique porte avec elle le remorqueur; elle a tout l'aspect d'une voiture ordinaire de tramway; la machine électrique est placée au-dessous du plancher, entre les roues du vagon; elle fonctionne sans bruit et se voit à peine. La voiture est si facile à conduire qu'une seule personne suffit à çe service et à la perception.

Vingt personnes peuvent prendre place dans cette voiture, sans compter le conducteur. La police s'oppose à ce qu'on dépasse une vitesse de 20 kilomètres à l'heure; mais le système permet d'aller bien au de là.

51. — Les avantages des chemins de fer électriques sont : 1° L'extrême simplicité du remorqueur;

2° Sa légèreté qui permettrait éventuellement de réduire les dimensions et les prix des rails;

3° La surveillance en route inutile. Le mécanicien n'a pas à s'occuper de son feu ou de l'alimentation de la chaudière; il n'a qu'à surveiller la route;

4° La suppression de la fumée et des escarbilles.

On a quelquefois noté comme un avantage propre à la locomotion électrique un coup de collier donné au départ ou dans les ralentissements. Il ne faut pas se faire d'illusion sur ce point. Il est bien vrai que le système, dans son ensemble, dépense plus d'énergie quand le récepteur est

arrêté ou va lentement; mais ce récepteur donne un
travail qui dépend de la vitesse et est très petit quand
elle est petite; il n'y a donc pas à proprement parler de
coup de collier, comparable à celui que donnent les chevaux pour ébranler une voiture. C'est même là, à notre
avis, la principale difficulté de la locomotion électrique
comparée à celle par les moteurs animés.

52. — *Chemins de fer postaux*. — M. Schellen[1] donne des
détails sur un projet de chemin de fer destiné spécialement
au transport des lettres et des papiers; ce qu'on fait aujour-
d'hui dans les grandes villes avec le système pneumatique,
on le ferait d'une ville à l'autre avec le nouveau système.
Il s'agit d'un chemin de fer à voie très étroite, couvert, c'est-
à-dire abrité de la pluie, et placé sur l'un des côtés de la
voie des chemins de fer actuels. Un des rails serait isolé,
l'autre au contraire servirait de terre. La locomotive por-
terait les paquets de la poste. Il faudrait, d'après **M.** Schellen,
une machine fixe motrice tous les 20 kilomètres, et comme
ces machines électriques fixes seraient beaucoup plus puissantes que la locomotive, on pourrait sans difficulté lancer
plusieurs wagons locomoteurs à la suite l'un de l'autre sans
beaucoup ralentir les premiers.

Il paraît que, dès l'année 1879, M. Bontemps avait eu
l'idée de substituer la traction électrique au système de
l'air comprimé. M. Deprez et lui ont fait en 1880 des expériences et des calculs desquels il résulte qu'il y aurait une
économie considérable à faire cette transformation.

53. — *Applications diverses réalisées*. — Parmi les applications du transport électrique de la force, déjà réalisées,
nous pouvons citer les suivantes : A la fonderie de Ruelle
(établissement du Ministère de la guerre), deux machines
Gramme conjuguées servent à commander divers outils.

---

1. *Die neuesten Fortschritte auf dem Gebiete der elektrischen Beleuchtung
und der Kraftuebertragung.*

Aux grands magasins du Louvre, à Paris, deux machines servent à transmettre le mouvement à 150 mètres de distance (résistance $= \frac{3}{4}$ d'Ohm environ) du grand moteur à vapeur qui est dans la cave de l'hôtel à un atelier rue de Valois n° 2. Les fils passent par-dessus la rue Saint-Honoré.

A la Belle-Jardinière, nous avons réalisé un transport de force divisé en trois récepteurs. Voici quel était le problème : Il y a dans les caves de la maison un grand moteur à vapeur qui sert à divers usages ; il y a au troisième, au quatrième et au cinquième étage, trois ateliers dans lesquels on voulait avoir une force mécanique ; dans l'un d'eux sont trois machines à coudre, dans les autres des scies à ruban pour découper les étoffes sur patron. Nous avons placé à la cave une machine Gramme du type normal, et dans chacun des ateliers une machine dite à petite lumière ; elles fournissent chacune de 20 à 25 kilogrammètres.

Il y a en Écosse, dans l'usine Shaw's Water Chemical Works, deux machines Hefner Alteneck combinées ; le système est mis en mouvement par une turbine ou une roue hydraulique ; il est employé à commander une scie circulaire, un tour ou une machine à forer.

Il faut noter encore l'ascenseur électrique que M. Siemens a installé au courant de l'année 1880 à l'Exposition de Manheim, et où il a fonctionné pendant deux mois à la grande satisfaction du public, qu'on montait et descendait par manière d'amusement.

54. — *Applications probables.* — Parmi les applications que nous verrons réaliser bientôt, selon toute probabilité, il faut mentionner celle qu'on en peut faire à la perforation des roches dans la construction des tunnels, l'exploitation des carrières et le travail des mines. Nous avons fait des expériences suivies avec M. Taverdon, inventeur d'une perforatrice à diamant ; elles ont pleinement réussi. Aujourd'hui on emploie l'air comprimé pour la commande des perforatrices au fond des tunnels ; c'est ainsi qu'ont été

percés le mont Cenis et le Saint-Gothard. Le rendement des systèmes à air comprimé est en pratique très faible ; mais ce n'est pas là son principal inconvénient ; on comprend de reste combien l'établissement et l'entretien des tuyaux qui amènent l'air comprimé sont difficiles, d'autant qu'il faut continuellement les allonger et déplacer les affûts pour suivre le progrès du travail. Ces difficultés sont telles et les fuites si importantes, qu'on est descendu au Saint-Gothard à un rendement de 5 pour 100.

Le système électrique se présente au contraire comme très facile à déplacer, puisqu'il suffit de dérouler du câble qu'on tient en réserve auprès du récepteur.

55. — *Machine Gramme spéciale pour le transport de la force.* — Nous donnons ici la figure de la machine que M. Gramme a disposée spécialement pour le transport de la force (*fig.* 24), et dont nous avons parlé plus haut comme faisant partie des treuils laboureurs. Cette machine est quelquefois désignée sous le nom d'*octogonale* à cause de la forme du bâti extérieur. Elle est caractérisée par la division de l'anneau en quatre parties égales, placées chacune sous l'influence d'un électro-aimant inducteur. Il y a donc quatre champs magnétiques autour de l'anneau, qui se succèdent alternativement de noms contraires. Il y a par suite quatre balais, qui frottent aux quatre points de passage d'un champ magnétique au suivant. Cette machine nous présente un nouveau mode d'emploi de l'anneau que M. Gramme avait indiqué dès sa première communication à l'Académie des Sciences, en 1871. L'avantage qu'il a ici est le suivant : il permet de donner un grand diamètre à l'anneau et par suite une grande vitesse de translation aux spires, sans une très grande vitesse angulaire.

On voit que ce système de construction pourrait être poussé plus loin et qu'il permettrait de faire des machines très puissantes. La disposition du bâti est clairement indiquée par la figure. Chacune des quatre coquilles qui enveloppent l'anneau est aimantée par deux bobines de même polarité. Les quatre groupes de deux bobines se succèdent autour du bâti avec des polarités alternativement inverses.

De même que dans la machine normale, le bâti extérieur sert en même temps de soutien mécanique aux différents organes de l'appareil, et de semelle aux électro-aimants.

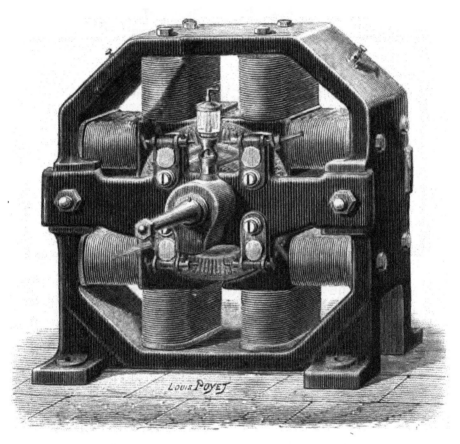

Fig. 24.

Il existe déjà quatre dimensions de machines de ce type :

1° Celui qui transporte de 1 à 2 chevaux ;
2°   —   —   — 2 à 3   —
3°   —   —   — 6 à 8   —
4°   —   —   — 12 à 16 —

56. — Nous empruntons à un article tout récent de

M. Fontaine[1] les résultats d'expériences faites avec les deux premiers types; les deux autres plus grands sont de création plus récente et n'ont pas encore été soumis à des essais suffisants.

1. — EXPÉRIENCES FAITES AVEC DEUX MACHINES IDENTIQUES AYANT UNE RÉSISTANCE INTÉRIEURE DE 1 OHM.

VITESSE de la machine géné-ratrice. — Tours à la minute.	VITESSE de la machine ré-ceptrice. — Tours à la minute.	RÉSISTANCE du circuit extérieur en ohms.	NOMBRE de kilogram-mètres absorbés par la machine géné-ratrice.	NOMBRE de kilogram-mètres fournis par la machine réceptrice.	RENDEMENT pour 100.
1540	1240	0,075	190,140	94,892	49,95
1540	1220	0,075	227,740	110,644	48,50
1540	1040	0,075	305,428	158,258	51,80
1540	980	0,075	323,683	164,639	50,80
1540	1150	0,930	158,623	62,992	39,50
1540	1030	0,930	209,283	97,171	46,40
1540	930	0,930	280,086	144,188	51,40

« Ces expériences montrent qu'en portant la résistance « extérieure de $0^{ohm},075$, laquelle correspond à un fil de « cuivre de 50 mètres de longueur sur 4 millimètres de « diamètre, à $0^{ohm},930$, correspondant à 700 mètres du même « fil, le rendement est sensiblement le même, à la condi- « tion toutefois de diminuer un peu la vitesse de la machine « réceptrice.

2. — EXPÉRIENCES FAITES AVEC DEUX MACHINES IDENTIQUES AYANT UNE RÉSISTANCE INTÉRIEURE DE 3 OHMS.

VITESSE du générateur.	VITESSE du récepteur.	RÉSISTANCE du circuit extérieur en ohms.	FORCE absorbée par le générateur.	FORCE fournie par le récepteur.	RENDEMENT pour 100.
1550	925	1,85	358 kgm.	157 kgm.	44
1550	1210	1,83	223 »	110 »	49
1550	1130	1,85	272 »	156 »	57

[1]. L'Électricien, 15 juin 1881.

3. — EXPÉRIENCES FAITES AVEC DEUX MACHINES IDENTIQUES AYANT UNE RÉSISTANCE INTÉRIEURE DE 5 OHMS.

VITESSE du générateur.	VITESSE du récepteur.	RÉSISTANCE du circuit extérieur en ohms.	FORCE absorbée par le générateur.	FORCE fournie par le récepteur.	RENDEMENT pour 100.
1600	1110	2,65	246	108	43
1600	1000	2,65	356	163	45
1600	1050	2,65	292	135	46
1600	1030	3,97	364	174	·47
1600	1050	3,97	324	153	47

4. — EXPÉRIENCES FAITES AVEC DES MACHINES DISSEMBLABLES.

Résistance intérieure de la source : 2 ohms 63.
Résistance intérieure du récepteur : 1 ohm 15.

VITESSE du générateur.	VITESSE du récepteur.	RÉSISTANCE extérieure du circuit en ohms.	RÉSISTANCE extérieure du circuit en fil de cuivre de 0m,004.	FORCE absorbée par le générateur.	FORCE fournie par le récepteur.	RENDEMENT pour 100.
			m.	kgm.	kgm.	
1360	1455	0,075	55,30	280,00	141,00	50,3
1360	1410	»	»	264,30	142,60	53,9
1360	1590	»	»	232,30	127,12	54,7
1360	1345	»	»	288,60	165,50	57,3
1520	1440	»	»	366,22	197,70	54,0
1520	1530	»	»	338,90	188,00	55,5
1520	1640	»	»	310,70	178,00	57,3
1360	1055	0,930	701,78	295,50	140,10	47,4
1360	1365	»	»	258,60	131,90	51,0
1360	1430	»	»	240,30	124,00	51,6
1520	1320	»	»	358,70	181,00	50,4
1520	2000	»	» .	335,20	121,00	51,4
1520	1390	»	»	340,00	180,00	52,9
1360	1310	4,743	3576,00	173,00	70,76	40,9
1360	1450	»	»	154,80	66,27	42,8
1520	1570	»	»	239,00	21,55	38,2
1360	1280	6,525	4922,16	160,00	55,34	34,5
1360	1400	»	»	131,40	50,08	38,1
2150	2450	»	»	396,27	125,56	35,0
2150	2200	8,443	6368,00	355,00	114,00	32,0

« La résistance $2^{ohms},65$ correspond à un fil de cuivre de
« 2,000 mètres de longueur et de 4 millimètres de diamètre,
« ce qui permet de transporter la force à 1 kilomètre du
« générateur. La résistance $3^{ohms},97$ correspond à 3,000 mè-

« tres du même fil. On voit qu'on peut avec les machines
« expérimentées transporter facilement deux chevaux de
« force à 1,500 mètres de distance et obtenir un rende-
« ment de presque 50 p. 100. Ce résultat est extrêmement
« remarquable et il n'a été obtenu jusqu'à présent qu'avec
« des machines Gramme.

« Cette dernière série d'expériences prouve que les ma-
« chines en essai n'avaient pas une tension intérieure suf-
« fisante pour transporter la force motrice à plus d'un kilo-
« mètre dans de bonnes conditions. Lorsqu'on interposait,
« entre les deux machines, 6 kilomètres de fil, il fallait
« augmenter considérablement les vitesses et le rendement
« baissait jusqu'à 23 pour 100.

« Il est possible d'augmenter un peu le rendement des
« machines; il suffit, pour cela, d'augmenter la vitesse de
« la machine réceptrice et de ne demander à l'installation
« qu'une faible partie du travail total qu'elle peut produire;
« cependant, pour ne pas fatiguer les organes mobiles, et
« pour ne pas exagérer le poids et par suite le prix des
« appareils, il est convenable, en pratique, de s'en tenir à
« un rendement variant de 40 à 50 p. 100, suivant que la
« distance à parcourir est grande ou petite. »

Il est très intéressant de voir dans ces expériences le rendement dépasser 50 p. 100 et atteindre 57,3. Ce résultat n'a
rien de contradictoire avec la théorie que nous avons exposée dans la troisième partie de cet ouvrage; il est important de le répéter. D'abord il s'agit ici de dynamo-machines,
dont la théorie n'est pas encore faite. Et ensuite nous avons
dit que le rendement pouvait dépasser 50 p. 100 et s'approcher de 100 sans jamais l'atteindre.

Il faut remarquer enfin que le rendement donné par
M. Fontaine est le rapport du travail fourni à la source au
travail par le récepteur; c'est ce que nous avons appelé
le coefficient économique pratique.

Si on appelle $\dfrac{Tu}{Tt}$ le coefficient économique électrique,

comme nous avons fait dans tout ce qui précède,

f le travail du frottement dans le récepteur,

F   —   —   dans la source,

E le travail dépensé à échauffer le circuit,

$$\frac{\mathrm{T}u-f}{\mathrm{T}t+\mathrm{F}+f+\mathrm{E}},$$

sera le coefficient économique pratique, notablement inférieur, comme on voit, au premier.

Et encore n'avons-nous pas énuméré complètement les termes correctifs à ajouter au dénominateur.

Il n'est donc pas possible de tirer des expériences de M. Fontaine une preuve du résultat auquel nous sommes arrivés n° 47, — troisième partie : *Le rendement, pour un système de deux dynamo-machines identiques, est égal au rapport des vitesses.*

57. — Il y a lieu d'attacher une grande importance au terme E qui figure dans la formule du rendement pratique. Sir William Thomson a appelé l'attention sur cette question, c'est-à-dire celle du développement de la chaleur qui est liée à celle de la quantité de métal nécessaire pour transmettre la force à une grande distance. Il propose d'employer un conducteur qui serait un tube de cuivre; des trous y seraient pratiqués pour y introduire ou en faire sortir de l'eau, qui y circulerait pour le maintenir froid. Cette méthode, sans compromettre l'isolement, permet de refroidir d'une manière pour ainsi dire illimitée.

L'illustre physicien croit qu'avec peu de cuivre, c'est-à-dire avec un conducteur de faible section, on pourrait dans ces conditions transporter l'énergie à plusieurs centaines de milles.

La conséquence extrême de ces vues est qu'on pourra éclairer les villes avec de la houille brûlée à la bouche des puits, où elle coûte le moins. Le transport de l'électricité ne coûte rien, tandis que les frais de port de la houille forment souvent la plus grande partie du prix final.

La force transmissible par ces machines, a dit encore Sir William Thomson, n'est pas suffisante seulement à conduire des machines à coudre ou des tours; mais en les réunissant en nombre suffisant, on pourra transporter autant de chevaux-vapeur qu'on voudra.

Prenant l'exemple des machines destinées à transporter 1,000 chevaux, il croit que leur prix serait comparable à celui d'un moteur à vapeur de 1,000 chevaux.

Enfin, il n'y a pas besoin de faire ressortir les avantages économiques qu'on obtiendrait en utilisant une chute comme celle du Niagara, ou le charbon perdu à la bouche des puits de mine [1].

APPLICATIONS CHIMIQUES

58. — *Préambule.* — Nous croyons que, dans quelques années, les applications électro-métallurgiques et électro-chimiques des machines à courant continu seront plus importantes que toutes les autres. M. Gramme s'est appliqué à cette branche avant de s'occuper des autres, mais les circonstances ont donné un développement plus rapide à l'éclairage, et l'électro-chimie a passé au second plan.

C'est à Paris encore, chez MM. Christofle et Cie, qu'ont été faits les premiers essais; l'emploi des machines n'y a jamais été discontinué et y a pris une importance croissante.

Nous allons passer en revue les travaux de M. Gramme dans cette direction, et nous dirons ce que nous savons des expériences faites par les inventeurs qui l'ont suivi.

59. — *Définition des termes.* — Un bain électro-chimique est un vase étanche de grandeur quelconque dans lequel sont placés deux *électrodes* et un liquide. Le courant entre par une électrode, traverse le liquide et sort par l'autre.

---

1. Cette citation de Thomson est empruntée au livre de M. Paget Higgs. Nous n'avons pas pu trouver le texte original.

Ces électrodes sont de métal ou de charbon, c'est-à-dire d'une matière solide, conductrice de l'électricité.

On appelle *anode* celle des électrodes qui communique au pôle positif de la pile ; la *cathode* est celle reliée au négatif.

On dit dans certains cas l'*anode soluble*, au lieu de l'anode, parce que le métal qui constitue l'*anode* se dissout dans le liquide par le travail électro-chimique.

Le liquide est un *électrolyte* et l'opération faite par le courant est l'*électrolysation*. Toutes ces dénominations ont été proposées par Faraday et sont adoptées dans toutes les langues de l'Europe.

60. — *Polarisation des bains.* — Il faut considérer deux cas dans l'électrolyse, celui où il y a polarisation des électrodes, celui où il n'y en a pas.

Le premier est, au point de vue de la physique pure, le plus général ; le second a une grande importance dans les applications.

Nous ne donnerons pas de détails sur ce qu'on appelle la *polarisation ;* ce phénomène important est la clef de voûte de toute l'exposition que nous avons présentée des piles électriques [1]. Nous le supposerons connu.

Il sera donc entendu qu'il y a toujours polarisation dans un bain électrolysé, hormis le cas où deux électrodes de même métal parfaitement pur sont plongées dans un sel de ce métal ; tel est le cas d'un bain de sulfate de cuivre, avec deux électrodes de cuivre pur.

A le prendre au point de vue théorique, l'absence de polarisation est un cas limite qu'on n'atteindra pour ainsi dire jamais ; mais au point de vue pratique, quand les métaux et les liquides sont presque purs, il n'y a que très peu de polarisation. C'est sur des circonstances de ce genre que nous raisonnerons, quand nous dirons qu'il n'y a pas de polarisation.

1. *Traité élémentaire de la pile électrique,* 2ᵉ édition.

Quand on fait du cuivrage, c'est-à-dire quand on dépose du cuivre sur un autre métal, par exemple sur de la fonte de fer, on opère de la manière suivante. L'objet à recouvrir est plongé dans le liquide et sert de cathode ; tout autour baignent de grandes plaques de cuivre qui sont les *anodes solubles;* quand le courant traverse le bain, le cuivre se dissout des anodes dans la liqueur et une même quantité en poids se dépose sur la *cathode.*

Le nickelage, l'argenture, la dorure, se font dans les mêmes conditions. Quand on emploie des anodes de métal à peu près pur, la polarisation est négligeable.

Plus le métal est impur, plus la polarisation est notable, moins l'opération est avantageuse, car il faut une dépense de travail pour vaincre cette polarisation.

La polarisation arrive à son maximum quand il se dégage des gaz, résultant de la décomposition de l'eau. Dans ces conditions, le procédé électro-chimique n'est avantageux que si la force motrice coûte fort peu, ou si les matières extraites ont un grand prix.

61. — M. Gramme a présenté un mémoire à l'Académie des Sciences le 11 juin 1877, qui n'a été imprimé qu'en extrait dans les *Comptes rendus,* et que nous reproduisons presque littéralement, d'après la *Revue industrielle* du 29 août 1877.

Au début, il fallut suivre les habitudes de l'industrie à laquelle on voulait faire changer quelques-uns de ses procédés ; on disposa les bains en dérivation les uns par rapport aux autres ; et on construisit des machines d'une très faible résistance intérieure, afin de produire une grande quantité d'électricité avec une force électro-motrice assez faible.

Comme la force électro-motrice augmente rapidement avec la vitesse donnée aux machines, M. Gramme fut conduit à penser qu'il serait possible de mettre plusieurs bains en chaîne dans le même circuit.

Cette disposition fut essayée par plusieurs personnes,

mais aucune ne poussa les résultats aussi loin que le docteur Wohlwill (de Hambourg), qui est arrivé progressivement à déposer 1,000 kilogrammes de cuivre par jour avec une machine de 15 chevaux.

Pour mettre la question au clair, M. Gramme a entrepris des expériences que nous allons rapporter. Il s'est placé dans le cas particulièrement simple de l'électrolyse du sulfate de cuivre; les deux électrodes de chaque bain sont des plaques de cuivre d'égale dimension (16 décimètres carrés); l'anode se dissout, la cathode se charge d'un poids égal. Cette disposition écarte presque toute polarisation et pose le problème dans des conditions simples.

Quand on se borne, comme ici, à dissoudre par électrolyse un métal et à en déposer un poids égal sur une autre électrode, on peut admettre, *à priori*, que le travail absorbé est sinon nul, du moins fort petit; car le travail actif, c'est-à-dire la décomposition du sulfate de cuivre, est compensé par un travail négatif équivalent qui est la dissolution du cuivre de l'anode.

L'expérience a prouvé que, si cette condition théorique n'est jamais remplie, on peut du moins s'en rapprocher beaucoup. Ces essais ont été faits avec une machine à aimant commandée par un petit moteur à gaz.

Les résultats ont été groupés dans les quatre tableaux ci-après :

« *1re série d'expériences.* — Le premier tableau est relatif
« à une série dans laquelle les bains, en nombre variable,
« étaient tous en dérivation les uns par rapport aux autres,
« c'est-à-dire à l'ancienne manière. Il montre que la quan-
« tité de cuivre déposée par kilogrammètre de travail dé-
« pensé, est à peu près la même dans les différentes expé-
« riences. Il n'y a donc pas augmentation de rendement
« par suite de l'augmentation de la surface; et le seul
« avantage qui en puisse résulter est dans l'amélioration
« du dépôt, qui est moins poreux et de plus belle qualité
« quand il se fait plus lentement sur une surface donnée.

1er TABLEAU. — Anodes solubles. — Bains en quantité. — Surface d'anode invariable pour chaque bain.

Nos des expériences.	BAINS			TEMPÉRATURES			TRAVAIL EN KILOGRAMMÈTRES				DÉPÔT EN GRAMMES					OBSERVATIONS.
	Nombre.	Déviation du Galvanomètre.	Poids total du liquide en action.	Initiale.	Finale.	Élévation due au courant.	Total.	Absorbé par les frottements.	Absorbé par l'élévation de température.	Reste.	Total en 3 heures.	Par heure.	Par bain et par heure.	Par kgm. de travail total et par heure.	Par kgm. du reste.	
1	6	11.5	32k750	11°7	12°2	0°2	6k782	1.413	0.236	4.633	21	7	1.16	1.11	1.51	1° L'élévation de température due au courant n'a pu être déterminée dans les expériences nos 2 et 5. 2° Pour distribuer le courant uniformément, on le faisait entrer et sortir par un grand nombre de points.
2	9	11.5	50 625	11	11 4	»	6 447	1.739	»	»	28	9.33	1.03	1.45	»	
3	12	12.5	67 500	9 8	10	0 1	5 934	1.436	0.235	4.263	21.3	7.1	0.60	1.19	1.66	
4	24	13.5	135 000	7 6	7 8	0 1	6 307	1.149	0.470	4.688	27.6	9.2	0.38	1.45	1.96	
5	36	13	202 500	7 6	7 9	»	5 911	1.132	»	»	21.3	7.1	0.20	1.20	»	

2e TABLEAU. — Anodes solubles. — Bains en tension. — Surface d'anode invariable pour chaque bain.

N°s des expériences	Nombre	BAINS Force électromotrice	Déviation du galvanomètre	Poids total du liquide en action	TEMPÉRATURES Initiale	Finale	Élévation due au courant	TRAVAIL EN KILOGRAMMÈTRES Total	Absorbé par les frottements	Absorbé par l'élévation de température	Reste	DÉPOT EN GRAMMES Total en 3 heures	Par heure	Par bain et par heure	Par kgm du travail total et par heure	Par kgm du reste	OBSERVATIONS
1	1	»	10.25	6k600	9.0	11.0	0.7	4k445	1k041	0k162	3k242	21k00	7k00	7k00	1k58	2.16	1° La tension du bain dans l'expérience n°1, ni les élévations de température dans les expériences 12 et 13 n'ont pu être déterminées. 2° La chaleur spécifique du liquide était de 0.89. 3° Pour calculer l'élévation de température des bains due au courant, on a naturellement tenu compte de la température ambiante du laboratoire. 4° L'expérience n°13 a été faite avec une machine ayant beaucoup plus de tension que celle qui a servi pour les 12 premières expériences. 5° La résistance de la machine ayant servi pour les 12 premières expériences était égale à celle d'un fil de cuivre de 1 m/m de diamètre sur 27,88 de longueur.
2	3	1.3	10	19 800	9.9	9.9	0.7	4 438	1 050	0 485	2 903	63 00	21 00	7 00	4 73	7.23	
3	6	2.5	9.25	39 600	9.8	10.8	0.6	5 203	1 208	0 832	3 163	118 00	39 33	6 66	7 55	12.43	
4	9	3.4	8.50	59 400	9.0	9.6	0.6	4 996	1 311	1 247	2 438	155 50	51 83	6 42	10 37	21.26	
5	12	4.2	8	79 200	9.0	9.8	0.5	5 478	1 832	1 386	2 270	204 00	68 00	5 66	12 41	30.00	
6	18	5	7.50	118 100	12.0	12.6	0.4	6 588	2 934	1 653	2 001	269 00	89 60	5 00	13 60	44.57	
7	20	5.6	7.25	132 000	12.2	12.8	0.4	7 548	3 343	1 848	1 562	298 00	99 33	4 96	13 15	63.60	
8	24	6.2	6.50	158 000	10.8	11.4	0.4	6 753	3 147	2 212	1 394	311 00	103 70	4 32	15 35	74.10	
9	33	7	6	217 000	12.8	13.6	0.3	5 754	2 598	2 278	0 868	372 00	124 00	3 75	21 55	142.85	
10	36	8	6.25	237 000	13.8	14.2	0.3	6 439	2 810	2 488	1 141	425 70	141 90	3 94	22 04	124.45	
11	45	8.2	5.25	297 000	13.0	13.6	0.2	6 082	2 982	2 079	1 021	429 60	143 20	3 20	23 54	140.25	
12	47	8.2	4.50	310 000	12.3	12.7	»	5 963	3 181	»	»	423 00	141 00	3 00	23 18	»	
13	48	7	1.75	316 800	12.7	12.9	»	3 328	1 430	»	»	217 73	72 576	1 51	21 80	»	

3e TABLEAU. — Anodes solubles. — Bains en tension. — Surface d'anode varie.

N°s des expériences.	BAINS.				TEMPÉRATURES.			TRAVAIL. EN KILOGRAMMÈTRES				DÉPOT EN GRAMMES				OBSERVATIONS.
	Nombre.	Surface de chaque bain en décimètres carrés.	Déviation du galvanomètre.	Poids du liquide en action.	Initiale.	Finale.	Élévation due au courant.	Total.	Absorbé par les frottements.	Absorbé par l'élévation de température.	Reste.	Total en 1 heure.	Par bain.	Par kgm. du travail total.	Par kgm du reste.	
1	3	8 26	7°5	19k800	13°04	13°9	0°3	3k397	1k722	0k624	1k051	15 75	5.25	4.63	15.00	1° Les surfaces des bains ont été augmentées de manière à obtenir une déviation constante du galvanomètre. 2° L'élévation de température due au courant n'a pu être déterminée dans les expériences nos 4 et 5.
2	5	16 52	7 5	33 000	12 5	12 9	0 2	3 452	1 765	0 693	0 994	29 00	5.80	8.43	29.17	
3	7	33 04	7 5	92 400	12	12 2	0 1	3 520	1 837	0 969	0 714	37 38	5.34	10.62	52.35	
4	9	49 56	7 5	178 200	13 9	13 1	»	3 279	1 613	»	»	48 00	5.33	14.63	»	
5	11	66 08	7 5	280 40	12 9	13 1	»	3 449	1 788	»	»	61 60	5.60	17.85	»	

4e TABLEAU. — Anodes insolubles (en plomb).

N°s des expériences.	BAINS.			TEMPÉRATURES			TRAVAIL				DÉPOT				OBSERVATIONS.
	Nombre	Déviation du galvanomètre.	Poids total du liquide en action.	Initiale.	Finale.	Élévation due au courant.	Total.	Absorbé par les frottements.	Absorbé par l'élévation de température.	Reste.	Total en 1 heure.	Par bain.	Par kgw. du travail total.	Par kgm du reste.	
1	1	11°	6k600	10°3	11.5	0.9	7k615	2k459	0.627	5.599	7g	7	0.92	1.26	1° Dans les trois premières expériences, les bains étaient disposés en tension ; dans la quatrième les bains étaient tous couplés en quantité. 2° Le courant secondaire était de 70° (galvanomètre vertical) avec 6 bains en tension, de 40° avec 3 bains et de 10° avec un bain. 3° Dans l'expérience primitive, le courant secondaire était un peu... 4° La durée des trois premières expériences a été de une heure, celle de la quatrième expérience a été de deux heures.
2	3	8 25	19 800	10 2	11.1	0.5	8 504	4 302	1.044	3.158	16 00	5.33	1.88	5.06	
3	6	5	52 800	10	10.6	0.2	7 840	4 370	1.114	2.536	18 00	3	2.28	7.61	
4	12	11	79 200	11 6	11.9	0.2	7 615	2 459	0.835	4.321	7 5	0.92	0.98	1.66	

« 2ᵐᵉ *série d'expériences.* — Le second tableau présente
« les résultats d'essais faits sur des bains mis en chaîne,
« comme les éléments d'une pile en tension ; leur nombre
« a varié de 1 à 48, mais ils avaient tous des électrodes de
« même étendue (16 décimètres carrés). La vitesse de la
« machine a été augmentée, à mesure que le nombre des
« bains croissait, et la force électro-motrice a varié de 1
« à 8 Daniell.

« Les chiffres du tableau montrent que le dépôt de
« cuivre a augmenté avec le nombre des bains ; il a aug-
« menté non-seulement en quantité absolue, mais même
« par rapport au nombre de kilogrammètres dépensés dans
« l'opération. Le poids de cuivre par kilogrammètre a
« varié depuis 1,58 jusqu'à 23,18 et même jusqu'à 140, si
« l'on défalque les pertes de travail du moteur qu'on a pu
« apprécier comme nous le dirons plus loin, tandis que
« dans la première série le poids du cuivre par kilogram-
« mètre dépensé n'a pas été supérieur à 1,96.

« La conclusion pratique de ces expériences est évi-
« dente ; il y a grande économie à disposer les bains en
« tension plutôt qu'à les mettre en quantité. Je crois que,
« pour être en droit de formuler cette conclusion, il était
« nécessaire de mesurer toutes les quantités qui entrent en
« jeu et notamment la force motrice fournie par la machine.

« 3ᵉ *série d'expériences.* — Je me suis proposé ici de
« maintenir l'intensité du courant toujours la même dans
« une série d'expériences comparatives ; j'ai dû augmenter
« l'étendue des électrodes en même temps que le nombre
« des bains mis en chaîne, de manière à rendre constante
« la résistance totale du circuit.

« Le tableau n° 3 montre que la quantité de cuivre dé-
« posée dans un bain est sensiblement la même dans toutes
« les expériences.

« Dans toute cette série, la vitesse de la machine et la
« force électro-motrice du courant n'ont pas changé ; et le
« travail dépensé a été sensiblement invariable.

.   « Ces expériences sont en parfait accord avec toutes les
« idées théoriques reçues, sauf en un seul point; on remar-
« quera en effet que j'ai été amené à grandir les sections
« du liquide plus que dans le rapport du nombre de bains
« comptés en tension.

« Quoi qu'il en soit, on voit ici dans des circuits diffé-
« rents, mais de résistance constante, la force électro-
« motrice, l'intensité, la quantité d'électricité rester inva-
« riables; on ne peut s'étonner de voir, dans chaque partie
« de ces différents circuits, la quantité de cuivre déposé
« rester sensiblement constante.

« Mais on remarquera que la quantité totale de cuivre
« déposé dans le circuit entier est proportionnelle au
« nombre des bains, d'où l'on pourrait conclure qu'avec
« une quantité fixe de travail dépensé, on peut par des dis-
« positions convenables augmenter presque indéfiniment
« le dépôt total.

« Cette conclusion est en accord frappant avec l'idée
« présentée plus haut que l'électrolyse du sulfate de cuivre
« avec anodes de cuivre, ne coûte que point ou peu de tra-
« vail.

Remarques générales.

« Je me suis placé dans des conditions que je crois favo-
« rables pour la mesure du travail dépensé dans chaque
« expérience; la constance du travail était presque parfaite
« pendant les trois heures que durait chacune d'elles ; je le
« vérifiais constamment en consultant le galvanomètre; le
« fait, d'ailleurs, ne surprendra pas, puisque toutes les cir-
« constances du phénomène restaient les mêmes pendant
« toute la période.

« L'expérience terminée, j'ouvrais le circuit, je plaçais
« un frein de Prony sur une roue du moteur à gaz, je le
« ramenais à la vitesse qu'il avait eue pendant l'opération
« électrolytique, et j'en concluais quel avait été le travail
« total dépensé pendant l'opération.

« Il m'était facile ensuite, en supprimant la liaison entre
« le moteur et la machine Gramme, de reconnaître quelle
« partie du travail moteur était absorbée par les résistan-
« ces passives de la machine électrique ; cette quantité est
« indiquée dans tous les tableaux joints à la présente
« note.

« J'ai voulu aller plus loin et me rendre compte de la
« perte de travail correspondant à l'échauffement des bains.
« Pour cela, j'ai procédé comme suit :

« Dans chaque expérience, j'ai pris la température ini-
« tiale et finale des bains ; un bain inactif, placé dans le voi-
« sinage, servait de terme de comparaison. La différence
« de température finale entre les bains actifs et le bain
« inactif représentait l'échauffement dû au courant.

« Tenant compte de cette différence, de la quantité de
« liquide en fonction et de la chaleur spécifique de la
« liqueur que j'ai trouvée égale à 0,80, j'obtenais le
« nombre de calories fournies aux bains par le passage du
« courant.

« Multipliant ensuite par l'équivalent mécanique de la
« chaleur, j'arrivais à la quantité de travail représenté par
« ce calorique apparent.

« Il est entendu que ce n'est que la quantité apparente
« et sensible de chaleur dont j'ai pu ainsi calculer la valeur
« en travail, et que les nombres que j'ai trouvés sont infé-
« rieurs à la réalité.

« En déduisant du travail total fourni par le moteur à
« gaz dans chaque expérience, le travail répondant aux
« frottements de la machine électrique et celui qui corres-
« pond à l'échauffement des liquides, j'arrivais à la quan-
« tité que j'ai appelée *reste* dans les colonnes de mes ta-
« bleaux.

« Dans les expériences de la troisième série, on a la
« preuve irrécusable du fait que la dépense de travail dans
« l'électrolyse peut être considérée comme nulle, car on
« voit le dépôt passer de 15 à 60 grammes sans augmenta-
« tion aucune de dépense de force. Si les expériences du

« deuxième tableau nous présentent partout un *reste* de
« travail dont nous ne pouvons pas indiquer l'emploi, il
« faut remarquer que ce *reste* se réduit de plus en plus à
« mesure que je réalise des conditions meilleures et descend
« jusqu'à 0,868 de kilogrammètres et à moins du sixième
« du travail total. Il s'explique par un travail calorifique
« dans les autres parties du circuit.

« 4° *série d'expériences.* — Dans une dernière série
« d'expériences, je me suis rendu compte de ce qui ar-
« rive si l'on substitue aux anodes solubles de cuivre, des
« anodes de plomb (de même étendue que celles de cuivre).

« La polarisation a été considérable, comme je l'ai re-
« connu en examinant le courant secondaire fourni par les
« bains immédiatement après la rupture du circuit de la
« machine. Par suite aussi, les dépôts de cuivre sur les
« cathodes ont été beaucoup moindres que dans les expé-
« riences correspondantes des précédentes séries.

« Je me suis assuré que la polarisation est très faible
« quand on opère avec des anodes de cuivre, et le courant
« secondaire qu'on observe en prenant les précautions con-
« venables est à peine sensible. S'il n'est pas tout à fait nul
« c'est sans doute à cause des impuretés qui se trouvent à
« la surface des plaques de cuivre qui m'ont servi. »

62. — On croit généralement qu'une machine peut déposer une quantité de cuivre maxima, quand on la fait fonctionner dans des conditions avantageuses ; on voit par ce
qui précède que ce maximum n'existe pas et que la quantité
de cuivre déposé dépend des dispositions qu'on prend, du
nombre et du mode d'association des bains.

On croit également dans le public qu'il est possible de
dire d'une machine dynamo-électrique qu'elle équivaut à
tel nombre d'éléments Bunsen de telle dimension ; cela est
également impossible, parce que l'intensité dépend : 1° de
la vitesse de rotation de la machine ; 2° de la résistance du
circuit extérieur, comme nous l'avons expliqué bien des

fois dans cet ouvrage. Quand il s'agit de machines magnéto-électriques, il est, au contraire, facile de répondre. On sait quelle est la résistance de la machine, et quelle est sa force électro-motrice à une vitesse donnée ; on peut en conclure la force électro-motrice à toute autre vitesse et l'intensité du courant dans un circuit de résistance donnée ; on peut faire le même calcul sur des éléments déterminés groupés de diverses façons et par conséquent donner le nombre et le mode de groupement des éléments qui donne l'équivalent de la machine. Mais même dans ce cas le résultat ne peut être que très grossièrement approché, parce que la résistance des éléments employés dans l'industrie n'est jamais que très imparfaitement connue et varie d'ailleurs avec la composition des liquides qui change avec le temps.

D'autre part encore, la résistance des bains électro-chimiques change toutes les fois qu'on change les objets qui y sont plongés ; il est donc en général difficile de procéder autrement que par tâtonnement.

63. — Les premières machines construites par M. Gramme en 1872 étaient faites avec des fils ; elles présentaient deux anneaux, dont l'un servait à exciter les électro-aimants, tandis que l'autre fournissait le courant dans le circuit extérieur. Nous en avons donné la figure dans la première édition de cet ouvrage ; aujourd'hui elles n'ont plus qu'un intérêt historique.

Ces machines déposaient 600 grammes d'argent à l'heure avec une dépense de 1 cheval-vapeur (75 kilogrammètres par seconde).

Bientôt il renonça au système des deux anneaux et construisit une machine à anneau et à circuit unique, comme celles que nous avons décrites dans la première partie de cet ouvrage. Elle est représentée par la *fig.* 25. Elle dépose comme les précédentes 600 grammes d'argent à l'heure, mais avec une dépense de 50 kilogrammètres par seconde seulement.

Cette machine n'est plus construite avec des fils, mais avec des conducteurs à beaucoup plus grande section. Le conducteur enroulé sur les électro-aimants est formé d'une seule bande de cuivre mince, dont la largeur occupe toute la hauteur du noyau de fer, et qui enveloppe le fer vingt ou trente fois.

La garniture de l'anneau est faite avec de la bande de cuivre épais, car il doit avoir assez de rigidité pour résister aux effets de la force centrifuge. Cette bande ne forme qu'une seule couche de spires sur l'anneau et dans le champ magnétique.

Les conducteurs des électro-aimants et de l'anneau sont nus, ce qui facilite le refroidissement ; on peut encore les noircir, ce qui concourt au même résultat.

64. — Quand on fait usage des machines à circuit unique, il peut arriver que le sens du courant se renverse tout à coup, ce qui apporte un trouble grave dans les opérations en cours. Ce fait s'explique par une certaine polarisation du bain.

Si la machine gardait toujours sa vitesse normale, aucun phénomène de ce genre ne serait possible, mais si un arrêt ou un ralentissement très marqué se produisent d'une manière accidentelle ou voulue, un courant secondaire est fourni par le bain, comme nous l'avons vu dans l'expérience avec la pile Planté (2ᵉ partie, n° 29). Ce courant, parcourant les fils des électro-aimants excitateurs, leur donne un magnétisme contraire à celui qu'ils avaient précédemment ; il en résulte que le magnétisme rémanent qui servirait de point de départ, si on remettait en marche sans rien changer aux conducteurs, fournirait un courant renversé et qu'on ferait un travail inverse ; c'est-à-dire que dans le cas de l'argenture par exemple, si une courroie venait à tomber, qu'on la remît simplement en place et qu'on continuât de travailler, on désargenterait les objets qui seraient dans le bain.

Pour obvier à ce grave inconvénient, M. Gramme a ima-

giné de couper le circuit dès que le courant s'affaiblit; l'appareil qu'il a construit dans ce but a reçu le nom de brise-courant; il se compose d'un électro-aimant placé dans le circuit et dont l'armature, quand elle est attirée, établit un contact nécessaire à la continuité du circuit; quand le courant, avant de changer de sens, s'approche d'être nul, l'armature se détache et le circuit est ouvert.

Quand on remet la machine en marche, on appuie avec le doigt sur un ressort spécial qui met en court circuit la machine et l'électro-aimant du brise-courant; cela a pour effet d'exalter beaucoup l'intensité du courant et la force électro-motrice, de sorte que, quand on lève le doigt et que le courant passe dans le bain, il y a dès le premier moment une grande supériorité de force électro-motrice de la source et par suite aucun danger de renversement.

65. — Avant de quitter ce sujet, nous dirons que M. Siemens conseille, dans l'*Elektrotechnische Zeitschrift* de février 1881, l'emploi des machines excitées en dérivation toutes les fois que les bains se polarisent, parce qu'on n'a pas à craindre le renversement des pôles. M. Siemens ne donne malheureusement pas de détails sur le rendement comparatif des machines à circuit unique et de celles à excitation en dérivation.

On peut donc employer trois moyens différents :

1° L'excitation des électro-aimants par une machine spéciale, ou par un anneau spécial;

2° L'emploi du brise-courant avec les machines s'excitant dans un circuit unique;

3° L'excitation en dérivation.

Nous croyons que la seconde méthode est la plus avantageuse pour les applications électro-chimiques, comme nous savons qu'elle l'est pour la production de la lumière électrique.

66. — M. Siemens a construit depuis 1877, pour la fonderie royale de Oker, trois machines de Hefner Alteneck que

nous trouvons décrites dans le journal cité plus haut avec d'intéressants détails. Ces machines sont faites dans les idées que nous avons exposées plus haut.

La section des conducteurs qui entourent les électro-aimants fixes est de 13 centimètres carrés. Ces conducteurs sont des barres de section rectangulaire, ils présentent sept spires. Leurs différentes parties sont vissées ensemble et soudées. Enfin les isolements sont faits avec de la toile ou du carton d'amiante.

La résistance intérieure de la machine est égale à 0,0007 d'unité Siemens; la force électro-motrice de 3 Daniell environ.

Ces machines travaillent chacune sur 10 à 12 bains de précipitation de cuivre; dans chacun de ces bains, il se dépose un demi-quintal de cuivre par 24 heures, soit en tout 5 à 6 quintaux par machine et par jour.

67. — Nous avons dit plus haut que M. Wohlwill (de Hambourg) était arrivé par des progrès successifs à déposer 1,000 kilos de cuivre par jour avec un moteur de 15 chevaux. Si beaux que soient ces résultats, rien n'empêche qu'on ne les dépasse, si on se borne à affiner du cuivre, c'est-à-dire si on opère sur des bains sans polarisation. C'est seulement une question de frais de première installation pour l'établissement de nouveaux bains, qu'il faudrait grouper d'après les idées exposées (n° 62) dans le mémoire de M. Gramme.

Nous ne pouvons mieux terminer le présent ouvrage que par la description de la machine Gramme qui sert à M. Wohlwill et à MM. Œschger et Mesdach, en France.

Quoique ce type de machine ait sept ou huit ans de date, il n'a encore été publié aucuns détails sur ses dispositions et ses dimensions.

La *fig.* 26 le représente et en fait comprendre le plan général.

Les électro-aimants sont doubles par comparaison avec le type normal, c'est-à-dire que quatre pôles distincts ou

Fig. 26.

Louis Poyet PARIS

deux pôles conséquents de même nom concourent à donner le magnétisme à la coquille supérieure ; à la partie inférieure la disposition est la même, et la coquille inférieure est aimantée comme la première. Ces deux coquilles embrassent l'anneau qui est une pièce extraordinaire ; il a 365 millimètres environ de diamètre et 442 millimètres de longueur. Il est, suivant une expression que nous avons employée déjà, dédoublé ; c'est-à-dire qu'il présente deux commutateurs, l'un à un bout, l'autre à l'autre. Chacun de ces commutateurs est à 20 divisions ; il y a donc 40 éléments ou sections sur l'anneau entier. Chaque spire de l'anneau est double ; on l'a composée de deux parties distinctes pour rendre plus facile l'enroulement ; chacune de ces parties est formée de 7 bandes de cuivre de 2,8 millimètres d'épaisseur et de 10 millimètres de largeur ; ces bandes ne sont pas isolées les unes des autres et forment ensemble une spire unique en épaisseur sur l'anneau.

Deux spires successives composent une des 40 sections ou éléments de l'anneau.

Ainsi chaque spire est formée de deux demi-spires identiques, juxtaposées, et soudées à leurs extrémités avec une seule pièce rayonnante, les reliant à une touche du commutateur.

Chaque section de l'anneau est composée de deux spires.

Et enfin l'anneau est composé de 40 sections, dont 20 répondent au commutateur de droite et 20 à celui de gauche.

Nous désirons que le lecteur comprenne bien que ces spires sont étroitement voisines à l'intérieur de l'anneau, tandis qu'elles laissent entre elles un espace vide à l'extérieur. Il résulte de là que tout isolement entre les spires est inutile en dehors, et qu'il n'est nécessaire qu'en dedans de deux en deux demi-spires. Cette disposition est montrée par la *fig.* 26, mais l'anneau est plus visible dans la *fig.* 25, qui est à très grande échelle.

La résistance calculée de l'anneau est de 0,0004 d'Ohm, quand les deux moitiés sont associées en série, comme deux éléments d'une pile ; elle descend par conséquent à 0,0001 quand les deux moitiés sont associées en quantité.

Quand l'anneau tourne à 500 tours par minute la force électro-motrice est égale à 8 Volts pour le montage en pile ou en tension et à 4 Volts pour le montage en quantité.

Les électro-aimants fixes ont des noyaux de fer de 120 millimètres de diamètre et de 410 millimètres de hauteur. Sur ces noyaux s'enroule 32 fois une feuille de cuivre qui a en largeur toute la hauteur de l'électro-aimant, et une épaisseur de 1,1 millimètre. Nous avons déjà décrit ces électro-aimants au n° 64 ; mais, pour les mieux faire comprendre, nous dirons que la feuille de cuivre est enroulée sur le fer, comme un dessin sur un bâton qui ne dépasse ni à un bout ni à l'autre.

La résistance des électro-aimants tous en un seul circuit (associés en tension, comme on dit vulgairement et bien inexactement) est égale à 0,00142 d'Ohm.

Si les 8 électro-aimants sont distribués en deux groupes égaux, disposés en dérivation double (associés en quantité, si on emploie le détestable langage qui a cours), la résistance tombe à 0,00028 d'Ohm.

Enfin la résistance totale de la machine, *en quantité*, est de 0,00038 d'Ohm.

La machine est à 4 balais, puisqu'il y a deux commutateurs ; mais chacun de ces balais est double et la surface de contact de chaque balai double est de 24 centimètres carrés.

Le poids total du cuivre qui entre dans cette machine est de 735 kilogrammes, et la machine tout entière pèse environ 2,500 kilogrammes.

FIN.

ERRATUM

On lit page 109, n° 47, au milieu de la page : *Si les électro-aimants des machines sont identiques*, etc., etc. Cette condition n'est pas nécessaire et les raisonnements qui suivent s'appliquent au cas d'électro-aimants excitateurs quelconques.

TABLE DES MATIÈRES

DEUXIÈME PARTIE

ÉTUDE DES MACHINES

Propriétés des machines magnéto-électriques.

Propriétés des machines dynamo-électriques.

Expériences diverses.

TROISIÈME PARTIE

TRAVAIL MAXIMUM

Rendement. — Effet utile.

QUATRIÈME PARTIE

APPLICATIONS

Éclairage électrique.

Transport électrique de la force.

Applications chimiques.

FIN DE LA TABLE DES MATIÈRES.

Paris. — Typ. G. Chamerot, 19, rue des Saints-Pères. — 11186.

CPSIA information can be obtained
at www.ICGtesting.com
Printed in the USA
BVHW04*1101170918
527708BV00014B/1482/P

9 780267 012114